보기만 해도 과학이네?

일러두기

• 이 책에는 한국정보통신기술협회의 《TTA JOURNAL》, 한국산업기술진흥협회의 《기술과 혁신》, 지학사의 《고교 독서평설》, 현대건설 사보, 쌍용자동차 사보에 기고했던 원고 중 일부를 수정하고 편집한 글도 있음을 밝힙니다.

보기만 해도
과학이네?

스마트폰으로 배우는 지구과학

최원석 지음

다른

스마트폰만 있으면 어디서든 즐기는 과학

아주아주 오랜 옛날. 그야말로 호랑이가 담배를 핀다고 믿던 시절, 여러 자연현상 때문에 공포에 질린 사람들은 혹세무민惑世誣民하는 무속인과 권력자의 말을 믿었다. 땅이 흔들리고 갑자기 뜨거운 용암이 솟구치며, 하늘에서는 벼락이 떨어지는데 무엇인들 못 믿겠는가? 안 믿으려 해도 아는 것이 없어 달리 방법도 없었을 것이다. 하늘에게 물어봐서 신의 뜻을 알고 있다고 주장하는 그들을 믿고 따를 수밖에. 이렇게 시작된 것이 하늘의 뜻을 묻는 '천문天文'이다. 천문학과 점성술이 뒤섞인 상태로 탄생한 천문은 하늘에게 뜻을 물어 앞길을 여는 데 도움을 받고자 시작된 것이었다. 하늘을 쳐다보며 시작된 문명은 시간을 측정해 원시 상태의 인간을 자연에서 분리해 냈고, 인간은 앞을 내다보기 위해 항상 주위를 살폈다. 인류는 수천 년 동안 꾸준히 지식을 축적했고, 드디어 과학을 태동시켜 첨단 문명의 시대까지 이르렀다.

과학을 뜻하는 영어 'science'가 '안다'라는 뜻의 라틴어 'scire'에서 나온 것은 '왜' 그러한지 이유를 알아 가는 과정이 바로 과학이기 때문이다. 또한 앞을 내다보는 안목을 '선견지명先見之明'이라고 하는 것과 같이 본다는 것의 의미는 안다는 것이며 앞날을 내다보려는 노력에서 과학은 탄생했다.

오랜 세월 인류의 노력으로 탄생한 과학이 문화 곳곳에 숨어 있는 것은 너무 당연한 일이다. BTS의 노래에서부터 스마트폰 게임에 이르기까지 보다 보면 모든 것이 과학과 관련 있다는 것을 깨닫게 될 것이다. 특히 BTS의 노래는 여느 노래와는 달리 메시지를 과학 소재에 빗대어 효과적으로 전달한다. 노랫말을 보면 과학 소양이 얼마나 뛰어난지 감탄이 절로 나올 정도다.

뉴스에는 사회, 정치, 경제뿐 아니라 과학이나 환경에 대한 이슈도 많이 등장한다. 특히 환경은 우리 생활과 밀접한 관련이 있기 때문에 뉴스를 관심 있게 볼 필요가 있다. 가짜 뉴스가 쏟아지는 상황에서 제대로 된 판단을 하려면 관심을 가지고 주의 깊게 보고 들어야 한다. 자기가 듣고 싶은 것만 찾는 순간 오류나 좁은 생각에 빠지게 된다.

영화는 아무리 판타지나 SF 영화라 하더라도 현실을 기반으로 하므로 과학적인 소재를 찾기에 적절하다. 〈어벤져스〉의 영웅들과 함께 과학을 논해 보는 재미가 쏠쏠할 것이다. 영화 못지않은 환상적인 과학 이야기 속으로 빠져 보는 것도 나쁘지 않은 일이다.

컴퓨터와 스마트폰 게임도 영화와 마찬가지로 다양한 상상력을 바탕으로 한 과학 소재를 종종 볼 수 있다. 현대인은 스마트폰 없이는 아무것도 할 수 없다고 할 만큼 스마트폰은 다양한 기능을 갖춘 과학 덩어리다. 스마트폰으로 수학 문제를 풀고 과학 실험을 할 수 있을 정도로 스마트폰은 활용하기에 따라 다양한 기능을 할 수 있는 기기다.

본다는 것은 과학자의 전유물이 아니다. 화가들도 새로운 시각으로 세상을 본다. 화가는 무엇을 어떻게 그릴 것인지 고민하고, 과학자는 왜 그런 그림을 그렸는지 궁금해한다. 그런데 흥미롭게도 그림 속에도 과학이 등장한다. 물론 그림 속에 과학적 내용이 담겨 있다고 해서 무조건 훌륭한 그림이라는 뜻은 아니다. 고흐가 론강에서 데이트를 즐기는 연인을 별빛과 도시의 불빛을 배경으로 아름답게 묘사한 〈론강의 별이 빛나는 밤Starry Night Over the Rhône〉1888은 그 자체로 이미 명작이다. 단지 과학자들은 명작을 감상하는 데서 그치지 않고 그림 속 하늘에서 천문학적 사실을 몇 가지 더 찾아낼 뿐이다. 그러니 과학자를 감성이 부족한 사람으로 넘겨짚는 것은 옳지 않다.

세상은 어떻게 보느냐에 따라 다르게 보인다. 단지 뮤직비디오나 영화, 게임일 뿐이라고 말할 수도 있지만 그 속에 과학적인 내용을 찾아보거나 왜 그렇게 되는지 이유를 한 번만 더 생각해 보면 좋지 않을까? 남들이 보지 못하는 것을 보는 재미, 그것을 주고 싶어 이 책을 썼다. 여러분도 이 책에서 세상을 보는 또 다른 눈을 키워 보기를 기대한다.

2020년 4월 최원석

1. Music 음악에

K-POP 속에 우주가

아침 알람 노래로 일어나 잔잔한 발라드로 마무리하는 나의 하루. 하루를 꽉 채워도 모자랄 만큼, 세상에는 좋은 노래가 많다. 그중에서도 대세는 바로 K-POP!

빅히스토리를 노래하는
BTS의 〈DNA〉

✖

우주의 시작

요즘 대세 BTS^{방탄소년단}의 노래 중에서 내가 가장
좋아하는 〈DNA〉! 흔한 사랑 노래와는 다르게
특이한 데다 신비한 느낌마저 감돈다.
'내 혈관 속 DNA가 말해 줘'라는 가사를 들으며
'DNA는 혈관이 아니라 세포 속에 있으니까 틀린 거
아냐?' 하고 의아했지만 가만 생각해 보니 혈관 속에도
세포가 있으니 틀렸다고는 할 수 없었다.
하긴, DNA가 어디에 있느냐 하는 문제는 중요하지 않다.
첫눈에 알아보는 운명적 사랑이 존재하는지가 중요하지.
나는 운명의 상대를 한눈에 알아볼 수 있을까?

우주적 스케일의 사랑 고백

BTS 팬들에게 가장 좋아하는 노래를 한 곡만 꼽으라고 하면 쉽지 않을 것이다. BTS의 노래라면 소중하지 않은 노래가 없을 테니까. 하지만 내게 묻는다면 나는 단연코 〈DNA〉를 꼽을 것이다. BTS의 다른 노래도 좋지만 이 노래는 과학이 많이 포함되어 있어서 더 좋다. 특히 뮤직비디오에 우주의 탄생과 DNA의 모형을 담아낸 자체만으로도 상당히 매력적이고 반가운 곡이다.

연인과의 만남에 태초의 시공간을 도입한 BTS의 노래는 스케일부터 남다르다. 과거에는 연인의 만남을 우연이 아니라고 장담했지만 그 이상의 의미를 찾지는 못했다. 노사연의 〈만남〉을 보면 알 수 있듯이 '우리 만남은 우연이 아니야. 그것은 우리의 바람이었어'라고 노래했을 뿐 어떠한 과학적 의미도 부여하지 않았다.

노사연의 〈만남〉과 비교하면 BTS의 〈DNA〉는 사랑을 해석하는 방식이 전혀 다르다. 단지 우연일 뿐이라고 말하는 〈만남〉과는 달리 과학적 근거를 통해 만남의 필연성을 제시하는데, 그 스케일이 가히 천문학적이다. BTS는 만남의 필연성이 우주가 탄생할 때부터 시작했으니 그들의 사랑은 무려 137억 년의 역사가 있다고 말한다. 인류 역사상 이보다 더 거창한 사랑 고백은 나오기 힘들 정도다. 어느 누가 사랑하는 사람을 만나기 위해 137억 년을 기다렸다고 고백하겠는가? 그렇게 고백하면 십중팔구는 장난한다고 퇴짜 맞기 십상이다. 고백을 듣는 상대방이 믿지 않을 테니까. 그런데 놀랍게도 BTS의 이러한 주장은 사실이다! 인체를 구성하는 DNA를 포함한 모든 분자는 우주의 탄생에서 시작되었으니 말이다.

사랑의 시작은 137억 년 전?

'우주가 생긴 그 날부터 계속'과 '무한의 세기를 넘어서 계속'이라는 노랫말을 해석해 보자. 우주가 생긴 것은 대폭발 우주론에 따르면 137억 년 전이다. 빅뱅으로 불리는 대폭발을 통해 시작된 고온, 고밀도의 우주는 끊임없이 팽창하고 식으면서 원소가 생겨나고 현재의 모습을 갖추었다. 지금도 우주는 팽창하고 있지만 언젠가는 팽창을 멈추고 다시 수축할 수도 있다. 수축을 시작하면 우주는 빅크런치라고 하는 파국을 맞게 될 것이다. 이후 다시 팽창과 수축을 반복하면 '무한의 세기를 넘어 계속'되는 우주가 되는 것이다. 최근에는 빅뱅 이전에도 우주가 존재했을 것이라는 이론이 등장했듯이 우주의 역사에 대해서는 우주 배경 복사와 같이 남아 있는 관측 자료를 토대로 새로운 이론을 구성해야 하는 형편이라 언제든 바뀔 수 있다. 어쨌건 우주의 미래가 어떻게 될지 모르지만 지금까

빅 크런치(big crunch): 우주가 빅뱅(대폭발)이 일어나 팽창하는 것과 반대로 수축하는 것. 대붕괴 또는 대함몰이라고도 한다.

우주 배경 복사: 우주 공간의 모든 방향에서 같은 세기로 전파되는 약 2.7K의 전자기파. 1964년 벨연구소의 펜지어스와 윌슨이 위성안테나를 시험하다 발견했으며, 빅뱅 이론에 따르면 이것은 우주 초기에 존재했던 빛의 화석으로 간주된다.

지 과학자들이 밝혀낸 바에 따르면 우주는 대폭발로 시작되었다.

우리가 살고 있는 우주는 137억 년 전 별 속에서 탄생했다. 지구에 존재하는 원소 중 철보다 무거운 원소들은 별이 폭발할 때 만들어진 것들이다. 별이 폭발한 후 뭉쳐서 지구가 생겼고, 진화를 거쳐 인간을 비롯한 생물이 생겨난 것이다. 그러니 우리가 등장하는 데 무려 137억 년이 걸렸다고 주장하는 것이 틀린 것은 아닌 셈이다.

'우리 만남은 수학의 공식, 종교의 율법, 우주의 섭리'라는 가사도 살펴보자. 인간 존재에 대한 초기의 대답은 철학적이고 종교적이었다. 즉 종교적 율법에 따라 천상과 지상의 운동을 설명했다. 과학에서 천문학이 가장 먼저 발달한 것도 천상의 움직임을 통해 신의 뜻을 해석하려 했기 때문이다. 종교적 율법은 절대적이라 이의가 있을 수 없다. 이렇게 신의 이름으로 모든 것을 설명하던 시기를 지나 신의 개입 없이 천체의 움직임을 설명할 수 있게 된 것은 수학을 바탕으로 한 물리학의 탄생 덕분이었다.

뉴턴은 만유인력을 통해 천상달의 운동과 지상사과의 낙하의 운동을 통합했고, 태양계의 움직임을 예견했다. 만유인력의 법칙은 수학적인 형태로 표현되었고 천체의 움직임을 정확하게 예측했다. 또한 뉴턴은 물체의 운동을 정확하게 예측하기 위해 미적분이라는 새로운 수학을 만들어 냈다. 뉴턴의 역학에 따르면 우주는 마치 시계처럼 정확하게 움직인다. 특정 시간 우주에 존재하는 모든 입자의 질량과 속도를 알면 운동량보존법칙에 따라 다른 시간의 우주 상태를 수학적으로 계산할 수 있기 때문이다. 그렇지만 아무리 뛰어난 컴퓨터가 등장해도 실제로 그것을 계산할 방법은 없다. 그러한 계산을 해낼 수 있는 존재, **라플라스의 악마**가 있다면 우주의 미래를 예측할 수 있다고 막연히 생각할 뿐이었다.

> 라플라스의 악마: 라플라스의 도깨비 (Laplace's demon)라고도 불린다. 현재 우주의 모든 물리적인 상황(위치와 운동량)을 알고 그것을 통해 미래를 알 수 있는 상상의 존재다.

하지만 곧 그렇지 않다는 것이 밝혀졌다. 양자역학이 밝혀낸 바에 따르면 우주의 변화는 확률적이다. 따라서 미래도 확률적으로 예측할 수밖에 없다. 확률도 수학이 아니냐고 물을지 모르지만 확률로 대답할 수밖에 없다는 것은 정해진 미래가 없다는 뜻이며, 누구도 미래를 알 수 없다는 뜻이다. BTS에게는 아쉽겠지만 우주의 시작에서 정해진 것은 아무것도 없다!

DNA는 운명?

'첫눈에 널 알아보게 되었어. 서롤 불러왔던 것처럼 내 혈관 속 DNA가 말해 줘'라는 가사에서 알 수 있듯이 이 곡도 운명적 사랑을 이야기한다. 하지만 다른 노래처럼 하늘이 정해 준 운명이 아니라 **분자생물학**적인 운명을 주장한다. 너와 나의 만남이 DNA에 의한 유전 때문에 생긴 일이라는

> 분자생물학: 분자 수준에서 생명 현상을 연구하는 학문. 1953년 왓슨과 크릭에 의해 DNA의 이중나선 구조가 밝혀지면서 빠르게 발전하고 있다.

것. 그렇다면 과연 'DNA에 의한 운명'은 가능할까?

영화 〈가타카Gattaca〉1997를 보면 모든 것이 유전자에 의해 결정되는 사회가 등장한다. 자연 임신으로 태어나 열등한 유전자열성유전자가 아니다!를 지닌 인간은 단순노동밖에 할 수 없고, 유전자 조작으로 태어나 우수한 유전자를 지닌 인간에게만 우주선을 탈 수 있는 기회가 주어진다. 유전자에 의해 모든 것이 결정된다면 좋은 유전자를 타고난 사람들은 행복하겠지만 그들을 제외한 나머지 사람들은 불행할 수밖에 없다. 유전자에 의해 모든 것이 결정되면 환경이나 개인의 노력은 운명을 바꾸는 데 아무런 도움이 되지 않는다.

이런 사회가 영화 속 상상만은 아니다. 이미 우리는 조선 시대의 신분제도가 사회에 얼마나 큰 폐해를 일으키는지 봐 왔다. 사실 인류의 역사를 돌이켜 보면 계급과 무관한 시대는 현대에 이르러 비로소 시작되었다. 2차 세계대전에서 독일의 나치는 우생학이라는 사이비 과학을 동원해 아리아인의 우수성을 강조하고, 유대인을 비롯한 소수민족을 열등한 민족으로 몰아 말살하려는 정책을 폈다.

유전자는 지능이나 감성, 운동 능력, 질병의 발현 등 많은 부분에 영향을 미친다. '콩 심은 데 콩 나고, 팥 심은 데 팥 난다'는 속담처럼 유전자가 모든 것을 결정한다는 유전자 결정론은 과거부터 있었다. 단지 그것이 유전자Gene에 의해 결정되는 것임을 몰랐을 따름이다. 물론 유전자는 중요하다. 하지만 중요한 것은 유전자가 모든 것을 결정하지는 않는다는 거다. 〈가타카〉를 보면 병원공장에서 유전자 편집을 통해 태어난 동생이 자연 임신으로 태어난 주인 공보다 모든 면에서 뛰어나지는 않다. 유전자뿐 아니라 후천적 노력도 그에 못지않게 중요하다는 것을 보여 주는 대목이다.

'첫눈에 반한 사랑'이라는 노랫말에서 첫눈에 반한다는 건 자극과 호르몬, 신경전달물질이 만들어 낸 결과다. 그녀의 모습과 향기, 목소리와 같은 자극은 신경전달물질을 통해 호르몬 분비를 일으킨다. 중요한 것은 이 과정에서 이성적 판단을 내리는 대뇌는 아무런 역할을 하지 않는다는 것이다. 즉 이 과정은 자율 신경계에 의한 반응으로, 의식적으로 통제할 수 있는 부분이 아니다. 그런데 어떤 사람을 만났을 때 이런 반응이 일어날까? 유전적으로 자신과 비슷한 사람을 선호하지만 너무 가까운 사람은 오히려 멀리하려는 경향이 있다는 것만 알 뿐 어떤 유전자를 가진 사람끼리 반응이 일어나는 것인지는 아직 모른다. 지금으로써는 단지 반응이 일어나는 경험을 '운명적 사랑'으로 표현할 뿐이다. 과학기술이 발달하면 언젠가는 유전자 매칭으로 천생연분을 찾아 줄 수 있을지도 모른다. 그렇게 되면 짝을 찾지 못하는 사람들이 적어질 것이다. 하지만 모든 문제가 해결될 것이라고 생각한다면 착각이다. 호르몬에 의한 사랑의 유통기한은 길어야 2년밖에 되지 않기 때문이다. 그 이후의 시간은 정情으로 사는 거다!

70억 별이 빛나는
BTS의 〈소우주〉

✖

별빛과 별의 구조

BTS의 노래 〈소우주〉가 제목에 걸맞게 우주에서
울려 퍼진다면 얼마나 멋질까?
그런데 이 일이 실제로 일어났다. 미항공우주국NASA은
달 탐사를 할 때 우주인에게 노래를 들려주는데
이 노래들을 'NASA 문 튠스Moon Tunes'라고 한다.
2019년 6월 NASA 문 튠스에 BTS의 노래 세 곡이
선정되었다. BTS의 인기 때문이기도 하겠지만 노래의
소재가 우주라는 게 주된 이유였다.
〈소우주〉, 〈문차일드〉, 〈134340〉은 우주와 인간의 삶을
적절하게 연결 지은 좋은 노래다.
그렇다면 BTS가 노래한 〈소우주〉는 우주와 어떤 관련이
있는 걸까?

우리는 그 자체로 빛나

BTS 노래 중 몇 곡은 과학적인 관점에서 좋은 점수를 줄 수밖에 없다. 〈134340〉은 소재 자체를 천문학 사건에서 따왔다. '134340 플루토'는 1930년 미국의 천문학자 톰보가 발견한 이래 2006년까지 '명왕성'으로 불리며 우리가 살고 있는 태양계의 아홉 번째 행성으로 당당하게 그 명성을 누렸다. 하지만 2006년 행성에서 퇴출되어 <u>왜소 행성</u>으로 다시 정의된다. BTS는 이를 연인과의 이별에 빗대어 노래하고 있는 것이다. 사랑 노래조차도 역시 BTS가 만들면 다르다!

> 왜소 행성(dwarf planet): 태양 주위를 공전하며, 자체 중력으로 둥근 모양을 가지고 있는 천체. 소행성보다 크지만 행성보다 작다. 명왕성 말고도 세레스, 하우메아, 마케마케, 에리스가 있다.

천문학과 관련지어 삶과 인생을 노래하는 〈소우주〉도 마찬가지다. 별이 가득한 우주를 배경으로 인간의 삶을 노래하는 이 곡은 단순히 인간의 삶이 밤하늘의 별처럼 반짝인다는 의미, 그 이상의 호소력을 지닌다. 실제로 별과 사람은 여러 가지로 닮은 면이 많다는 것을 아는 것 같다. 태어나서 먹고 호흡하다가 수명을 다하면 죽는 인간처럼 별도 그러한 삶을 산다. 우주 공간에서 성간물질이 중력 때문에 수축해 핵융합을 시작하면 빛을 내며 별이 태어난다. 그러다 연료가 다 떨어져 폭발하면 최후를 맞이한다. 하늘의 별은 영원히 빛날 것처럼 보이지만 그건 인간의 관점일 뿐 별도 사람처럼 수명이 있다. 별의 수명은 사람의 수명과 단위가 다를 뿐이다. 사람의 수명 단위가 '년'이라면 별은 '억 년'이라는 것. 절반의 인생을 산 46억 살의 태양은 왕성한 활동을 하다가 앞으로 50억 년 후에는 그 생을 마감할 것이다. 하지만 어떤 별은 1억 년도 안 되는 굵고 짧은 삶을 살다 가기도 한다. 질량이 커서 밝게 빛날수록 별의 수명은 짧고 초신성이 되어 마지막을 화려하게 수놓고 사라진다.

'어떤 빛은 야망, 어떤 빛은 방황'이라는 가사처럼 별빛도 제각각이다. 사람이 저마다 개성이 있

초신성(supernova): 항성 진화의 마지막 단계에서 폭발이 일어나 평소보다 수억 배 이상 밝아진 천체.

색지수: 사진으로 찍었을 때의 밝기인 사진등급과 맨눈으로 본 밝기인 안시등급의 차이를 나타내는 수. 별의 표면 온도를 알아내는 데 사용한다.

듯이 별도 저마다의 특성을 지니고 있다. 망원경이 없었던 시절에는 단지 눈에 보이는 대로 별의 밝기를 구분했다. 가장 밝은 별은 1등성, 눈으로 볼 수 있는 가장 어두운 별은 6등성이다. 그러다 관측 기술이 발달하면서 1등성보다 밝은 별이나 6등성보다 어두운 별을 세분해 구분할 수 있게 되었고, 1등성과 2등성은 2.5배의 밝기 차이가 난다는 것도 알았다. 그리고 필터를 사용한 색지수가 등장하면서 별을 온도에 따라 구분할 수 있게 되었다. 별의 색온도는 우리가 일반적으로 생각하는 색의 이미지와 달리 푸른 별이 붉은 별보다 더 뜨겁다. 또한 1823년 독일의 물리학자 프라운호퍼가 분광기를 이용해 별빛의 스펙트럼을 분석하면서 별이 무엇으로 이루어졌는지 알려졌다. 그 사람의 언행으로 인성을 파악할 수 있듯이 별빛을 통해 별의 특성을 알 수 있었던 것이다.

각자의 방 각자의 별에서

어두운 밤 외롭게 지내는 사람들처럼 칠흑 같은 어두운 밤 홀로 반짝이는 별도 있다. 하지만 대부분의 사람이 다른 사람과 함께 모여 살 듯 별도 공통의 질량중심 주위를 서로 공전하며 함께 지낸다. 이를 쌍성binary star이라고 부른다. 물론 가깝게 보이는 이중성이라고 하더라도 모두 쌍성은 아니다. 쌍성이 되려면 중력의 법칙에 의해 서로 묶여서 영향을 주어야 한다. 지구에서 볼 때 쌍성처럼 보이지만 실제로는 멀리 떨어져 있는 별들을 광학적 쌍성겉보기쌍성이라 한다. 홀로 외롭게 지내는 사람처럼 태양계는 항성이 하나뿐인 외톨이 항성계다. 인간 사회에서 함께 지내는 사람이 많듯이 항성계도 외톨이보다는 쌍성이나 삼중성, 다중성 등 다양한 수의 별이 모인 항성계가 더 많다. 별을 관측할 때 쌍성을 찾아내는 것은 단지 호기심 때문이 아니다. 대인 관계를 알면 그 사람의 인간성을 알 수 있듯 쌍성이 중력에 의해 서로에게 주는 영향을 보면 별의 질량을 알 수 있기 때문이다.

사회에서도 '보이지 않는 실세'가 있듯 보이지 않지만 막강한 영향력을 행사하는 블랙홀과 같은 별도 있다. 블랙홀은 아예 빛을 방출하지 않고, 퀘이사와 같은 별은 강력한 전파를 발산한다. 과거 눈에 보이는 빛만 별빛이라고 부

> 퀘이사: 활동성 은하의 핵으로 수십억 광년 이상 멀리 떨어져 있는 천체. 마치 항성처럼 보여서 '준성(Quasistellar Object)' 줄여서 퀘이사(Quasar)라고 불린다. 따라서 퀘이사는 항성이 아니라 은하의 일종이다. 가운데에는 거대한 블랙홀이 있는 것으로 추정된다.

르면서 별은 반짝반짝 빛나야 한다고 생각했지만 천체관측 기술이 발달하면서 이제는 눈에 보이지 않는 별빛도 볼 수 있다. 이로 인해 예상보다 더 다양한 별이 있다는 것을 알게 되었다. 또한 새로운 관측 기준으로 본다면 인간도 별이다. 우주에서 인간은 36.5도℃를 나타 낸다. 이 책에서는 모두 섭씨온도 단위를 사용했다.의 적외선을 내뿜는 복사체로 보일 것이다. 따라서 노랫말에서 '우린 빛나고 있네'라고 표현한 것은 과학적으로 이상할 것이 없으며, 밤하늘에 별이 빛나듯 지구에도 70억 개의 별이 빛나고 있다고 할 수 있다.

가장 깊은 밤에 더 빛나는 별빛

노래에서는 '별이 뜬다'라고 표현하지만 사실은 아니다. 오랜 세월 동안 인류는 별이 뜬다고 여겼지만 별은 항상 그 자리에 있다. 별이 뜨고 지는 일주운동을 하는 이유는 지구가 자전하기 때문이다. 지구의 자전으로 별이 뜨고 지는 것처럼 보일 뿐 별은 움직이지 않는다. 물론 자전만 고려한다면 낮에는 밤과 다른 별이 보여야 하지만 낮에는 별이 보이지 않는다. 강한 태양 빛이 대기에 산란되기 때문이다. 깊은 밤에 별이 더 빛나는 이유도 마찬가지로 대기에 의한 빛의 산란이 줄어들었기 때문이다. 그래서 대기가 없는 달에서는 지구와 달리 낮에도 별을 볼 수 있다.

밤하늘은 어둡고, 한밤중에는 더 어둡다. 밤에는 태양이 없으니 당연한 것 아니냐고 여길지 모르지만 독일의 의사이자 천문학자인 하인리히 올베르스의 생각은 달랐다. 별빛도 많이 모이면 결국 밝아야 하지 않느냐는 것. 나무가 빽빽하게 들어차 있는 숲을 보면 빈 공간을 찾을 수 없는 것처럼 별이 무한하게 많다면 어느 공간을 향하더라도 별과 만나게 되므로 결국 밤하늘은 밝아야 한다. 별의 밝기는 거리의 제곱에 반비례해 어두워지지만 별의 숫자는 제곱에 비례해 증가하므로 밤하늘은 별빛으로 가득해야 한다는 것이 '올베르스의 역설Olbers' Paradox'이다. 한동안 천문학자들의 머리를 아프게 만들었던 이 역설은 우주가 팽창하고 있다는 사실이 알려지면서 해결되었다. 올베르스의 가정과 달리 우주가 무한하지 않으며 팽창하고 있어 밤하늘이 어둡다는 것이다.

BTS의 노래는 천문학에서 말하는 우주의 구조 중 한 단계인 소우주를 말하는 것은 아니다. 우주를 대우주Macro cosmos라고 한다면 인간을 소우주Mikrokosmos라고 하는 비유적인 의미를 사용한

> 소우주(external galaxy): 천문학에서 소우주는 외부은하를 지칭하는 것으로 사용되기도 하지만 일반적으로 소우주보다는 외부은하라는 용어를 사용한다.

것이다. BTS의 〈소우주〉가 철학적인 의미일 뿐이라고 하더라도 별을 배경으로 하는 그들의 뮤직비디오를 보면 별과 인간이 정말 닮았다는 생각을 할 수밖에 없다. 역시 BTS다!

'당신과는 천천히' 보내고 싶은 시간

✖

상대성이론

학교 수업을 들을 때는 그렇게 천천히 가던 시간이
집에만 오면 왜 이렇게 빨리 가는 걸까?
집에 오면 씻고 나서 밥도 먹어야 하고 TV도 봐야
하는데…. 공부는 또 언제 해야 할까?
벌써 12시가 다 되어 가다니.
장범준의 〈당신과는 천천히〉는 이런 내 마음을
노래하는 것 같다. 내가 좋아하는 사람과 함께할 때
시간이 유난히 길게 가면 얼마나 좋을까. 대신 내가
싫어하는 일은 후딱 지나갔으면.
'당신과는 천천히' 함께하는 순간이 영원처럼 길었으면
하는 소망은 이룰 수 있는 걸까?

시간이 다르게 흐른다는 느낌

미국의 시사 주간지 〈타임Time〉이 20세기 가장 영향력 있는 사람으로 선정한 물리학자 아인슈타인. 아인슈타인이 쟁쟁한 정치인이나 연예인, 예술가를 제치고 선정된 것은 그가 발표한 상대성이론이 그만큼 영향력이 크기 때문이다. 상대성이론의 영향력은 다윈의 진화론이나 코페르니쿠스의 지동설이 사회와 문화 전반에 던진 충격과 견줄 만하다. 실제로 상대성이론이 몰고 온 의식의 변화는 그 이상이었다. 상대성이론이 뭐기에 엄청난 변화를 몰고 온 것일까?

현재까지 인간의 지성이 만들어 낸 가장 아름다운 이론으로 상대성이론과 양자론이 꼽힌다. 놀라운 것은 양자론은 당대의 수많은 석학들의 합작품이었던 것에 비해 상대성이론은 아인슈타인, 단 한 사람의 머리에서 나왔다는 점이다. 과학의 역사를 돌이켜 보면 진화론, 지동설, 대륙이동설, 양자론과 같은 굵직한 이론은 학계와 사회에 커다란 충격을 주었고, 사람들의 생각이나 세계관에 커다란 변화를 몰고 왔다. 하지만 그 어떤 이론도 아인슈타인의 상대성이론만큼 통념을 뒤바꾸어 버린 것은 없었다. 상대성이론이 이렇게 혁명적인 이유는 당시 누구나 당연하게 받아들였던 절대적인 시간과 공간의 개념을 버리고 상대적인 시공간space-time개념을 제시했기 때문이다.

'퇴근 시간 전에는 시간이 너무 느리게 가는데 왜 집에만 오면 시간이 너무 빨라서'라는 가사는 언뜻 아인슈타인의 상대성이론처럼 들린다. 하지만 이 노랫말은 일정하게 흐르는 시간이지만 사람의 감정 때문에 상대적으로 흐르는 것처럼 느낀다는 표현이다. 내 느낌이 그럴 뿐이라는 것. 아인슈타인이 상대성이론을 발표하기 전까지는 설사 시간이 상대적으로 흐른다 느끼더라도 누구에게나 일정하게 흘러가는 절대 시간이 있다고 믿었다. 애인을 보기 위해 달려가는 거리가 멀게 느껴지더라도 그 길은 누가 재도 같은 길이의 절대 공간이라는 것도 마찬가지다. 우주 공간 어디에서나 시간은 똑같이 흘러가며, 동일한 자는 어떤 <u>좌표계</u>에서 측정해도 같은 길이로 측정된다는 것은 의심의 여지가 없었던 것이다. 뉴턴 또한 이것이 자연에 내재된 본성으로, 변하지 않는 사실이라고 생각했기 때문에 절대 시간과 공간을 바탕으로 자신의 역학 법칙을 전개해 나갔다.

> **좌표계**: 물리량 측정을 위해 원점과 방향 축을 정해 물체의 위치를 나타내는 기준틀. x와 y의 2개 축을 사용하는 직교좌표계가 흔히 사용된다.
>
> **갈릴레이의 상대성원리**(Galilean principle of relativity): 정지해 있거나 일정한 속력으로 움직이는 관찰자에게는 동일한 물리법칙이 성립한다는 원리.

뉴턴의 운동 제1법칙인 관성의 법칙에 따르면 외부에서 힘이 작용하지 않는 물체는 등속직선운동을 하게 된다. 이때 관성의 법칙을 만족하는 좌표계를 관성좌표계라고 하며, 관성좌표계에서는 모든 물리법칙이 동일하게 적용된다는 것이 <u>갈릴레이의 상대성원리</u>다.

상대성이론의 상대성이란?

같은 물리법칙이 적용된다고 해서 같은 물리량이 측정된다는 뜻은 아니다. 예를 들어 시속 150킬로미터로 달리는 트럭 위에서 박찬호 선수가 진행 방향으로 시속 150킬로미터의 공을 던진다면 지상의 포수는 시속 300킬로미터라는 엄청난 빠르기의 공이 자신을 향해 날아오는 것을 볼 수 있을 것이다. 하지만 지상의 포수와 달리 트럭 위의 박찬호 선수는 시속 150킬로미터로 공을 던졌을 뿐이다. 문제는 이러한 상대성원리를 빛에 적용했을 때 생겼다. 초속 10만 킬로미터로 달리고 있는 우주선에서 빛을 쏜다면 빛의 속력은 분명 초속 40만 킬로미터로 관측되어야 하지만 전자기학을 집대성한 맥스웰의 방정식은 관찰자에 상관없이 빛의 속력은 항상 초속 30만 킬로미터로 일정해야 한다고 예견하고 있었다. 그리고 마이컬슨과 몰리의 실험으로 빛의 속력은 일정하다는 것이 입증된 상황이었다.

갈릴레이의 상대성원리와 광속도불변의원리 사이의 모순을 해결한 것이 바로 아인슈타인의 특수상대성이론이었다. 즉 아인슈타인은 시간과 공간의 절대성을 버리고 만들어 따라 다르게 측정되는 상대 시간과 상대 공간의 개념으로 이 문제를 해결한 것이다. 아인슈타인은 상대성이론의 효과를 나타내는 데 인자, $\sqrt{1-\dfrac{v^2}{c^2}}$ v는 물체의 속력, c는 광속를 사용한다. 관찰 대상인 물체가 빨리 운동할수록 공간은 이 인자만큼 수축하고, 시간은 이 인자만큼 팽창한다고 설명한다. 즉 특수상대성이론에서는 공간과 시간을 동일한 인자로 묶어

취급하면서 상대적 시공간이라는 개념이 탄생하게 된 것이다. 정지한 관찰자가 아니라 운동하는 관찰자 그리고 시간과 공간에 대한 개념이 바뀌면서 자연스럽게 도출된 식이 $E=mc^2$인데, 당시 물리학자들은 이 식이 무엇을 뜻하는지 도무지 알 수 없었다. 하지만 아인슈타인은 이 식이 바로 질량과 에너지가 본질적으로 같다는 것을 나타낸다는 것을, 즉 질량-에너지 등가식이라는 것을 곧 알아차렸다. 오늘날에는 핵폭탄과 원자력발전으로 이 사실을 당연한 듯이 받아들이지만 당시에는 충격적이었다.

여기서 다시 한번 강조할 것이 있다. 아인슈타인의 식에 따르면 '정지한 사람이 볼 때 움직이는 사람의 시간은 팽창한느리게 가는 듯 보인다'는 말이 무슨 뜻인지 잘 이해할 필요가 있다. 시간이 느리게 간다는 것은 정지한 관찰자가 움직이는 사람을 관찰했을 때 그렇게 보인다는 것이지 정작 움직이는 관찰자의 시계는 정상적으로 흘러간다. 움직이는 사람의 시계는 아무런 변화가 없다는 것이다! 회사에서 일하는 시간이든 주말에 쉬는 시간이든 그의 시간은 항상 일정하게 흐른다. 시간이 빠르게 간다거나 느리게 간다는 것은 상대적으로 다른 운동을 하는 관찰자와 비교했을 때 의미가 있다.

우주의 구조를 설명하는 상대성이론

1905년 특수상대성이론이 발표된 후 1916년에는 일반상대성이론이 발표된다. 우리가 '특수'라는 말을 쓸 때는 더 좋거나 상위의 것을 가리킬 때지만, 상대론의 경우에는 '제한된' 또는 '특별한 경우에'라는 뜻이다. 즉 특수상대성이론은 물체와 관찰자가 서로 등속도로 운동하는 특별한 경우 적용할 수 있는 이론이며, 일반상대성이론은 등속도 운동뿐만 아니라 가속도 운동까지 포함되는 상대성이론이다.

일반상대성이론은 가속 좌표계에서 관성질량과 중력질량이 같다는 등가원리equivalence principle를 바탕으로 한다. 관성질량은 뉴턴의 운동 제2법칙인 가속도의 법칙($F=ma$)에서 등장하는 질량이며, 중력질량은 만유인력의 법칙($F=G\frac{mM}{r^2}$)에서 주어지는 질량을 말한다. 이렇게만 설명하면 아마도 쉽게 납득하지 못할 것이다. 당시에도 이러한 내용을 이해하기 어려워서 아인슈타인은 '엘리베이터 사고실험思考實驗'을 통해 이를 설명했다. 우주 공간에서 사방이 막힌 엘리베이터 속에 있는 사람을 상상해 보자. 만일 이 엘리베이터가 정지해 있다면 이 사람은 자신이 무중력 상태에 있다고 느낄 것이다. 하지만 만일 엘리베이터가 중력가속도($9.8m/s^2$)와 같은 크기로 위쪽 방향으로 가속될 경우에는 어떨까? 이 경우에는 엘리베이터 속 사람은 중력과 같은 크기의 관성력을 받는다. 쉽게 이야기하면 자신의 몸무게를 그대로 느낀다. 그렇다면 이 사람은 본인이 느끼는 몸무게가 중력에 의한 것인지 가속도에 의한 것인지 구분할 수 없다는 것이 아인슈타인의 주장이었다. 즉 가속도의 효과와 중력의 효과를 구분할 수 없다는 것이 바로 등가원리다. 이 등가원리에 의해 예견된 놀라운 결과가 물질이 중력장에서 떨어지는 것 같이 빛도 휘어진다는 것이다. 1919년 영국의 아서 에딩턴 경이 이끄는 관측대가 개기일식 때 태양 주변을 지나는 별빛이 휘어지는 것을 관측하는 데 성공하면서 세계의 신문들은 앞다투어 "아인슈타인은 옳았다"라는 기사를 내보낸다. 당시 영국과 아인슈타인의 나라 독일은 1년 전까지 서로 전쟁1차 세계대전 중이던 적국이었다. 이렇듯 과학은 국경도 초월하는 힘을 지녔다.

아인슈타인의 상대성이론은 기존의 가치관이나 세계관을 완전히 뒤엎었을 뿐 아니라 물리학의 모든 이론이 상대성이론과 어긋나지 않아야 하는 가장 상위의 이론으로 굳건히 자리하고 있다. 현재까지 우주의 구조를 설명하는 유일한 이론은 상대성이론이다. 중력에 의해 시공간에 왜곡이 생겨 다양한 모습을 만들어 내는 것을 상대성이론을 도입하지 않고는 설명할 길이 없다.

이정현이 노래한
⟨GX 339-4⟩의 비밀

✖

블랙홀

이정현은 영화 ⟨꽃잎⟩1996에서 신들린 연기로 많은
주목을 받으며 데뷔했다. 이후 영화 ⟨성실한 나라의
앨리스⟩2014로 청룡영화제에서 여우주연상을 받았다.
이렇게 배우로 더 잘 알려진 이정현은 사실 가수로
유명했다. 1999년 첫 번째 앨범의 타이틀곡 ⟨바꿔⟩와
⟨와⟩가 공전의 히트를 기록하며 테크노 여전사라
불리며 가수로 인정받았다.
20여 년 전 음악이라고는 생각할 수 없을 정도로
그녀의 음악은 시대를 앞서갔다는 느낌이 든다.
이 앨범에는 ⟨GX 339-4⟩라는 곡도 실려 있는데
들을수록 멋지다!

'GX 339-4'가 뭘까?

1999년 발표된 〈GX 339-4〉는 제목만 봐서는 도대체 무엇을 주제로 한 노래인지 감도 못 잡을 만큼 혁신적인 노래였다. 지금도 그렇지만 영어와 숫자의 조합은 좀 거부감을 준다. 제목만으로는 그것이 무엇을 뜻하는지 알 수 없기 때문이다. 그럼에도 그런 제목을 붙일 수 있었던 것은 그만큼 이정현의 노래가 당시에는 새로운 시도였음을 보여 준다. 이름도 친숙하지 않은 'GX 339-4'를 테크노사운드와 접목시켜 멋진 노래를 만들어 냈던 것이다.

'GX 339-4'는 가운데 블랙홀이 있을 것으로 예상되는 천체의 이름이다. '블랙홀'이라는 단어가 널리 알려진 것과 달리 블랙홀일 것이라고 예상되는 천체의 이름은 잘 알려져 있지 않다. 그도 그럴 것이 블랙홀은 직접 관측이 어렵기 때문이다. 지구 근처에 블랙홀이 없을 뿐더러 블랙홀이라는 이름에서 알 수 있듯이 직접 볼 수 있는 방법도 없기 때문이다. 그래서 아인슈타인의 상대성이론으로 블랙홀이 예견된 지 거의 100여 년이 흐른 후인 2019년 4월에서야 겨우 관찰된 것이다. 2019년에도 광학 망원경으로 직접 본 건 아니다. 각 대륙에 흩어져 있는 여덟 군데의 전파 망원경의 데이터를 오랜 시간 동안 모아 분석해 합성한 사진이다. 블랙홀 관측 뉴스로 떠들썩했던 것에 비하면 시시하다고 여길지 모른다. 하지만 그건 눈으로 본 것만 실존한다고 여기는 좁은 생각 때문이다. 세상특히 우주은 눈에 보이는 것보다 보이지 않는 것이 훨씬 많다. 우리 눈은 넓은 복사선 영역 중 가시광선 영역만 볼 수 있을 뿐이다. 이번 블랙홀 관측도 직접 망원경으로 관측하지 못했다고 하더라도 블랙홀을 입증할 수 있는 주변 전파의 존재를 확인했다는 것에 의의가 있다. 즉 블랙홀 주변 물질이 블랙홀로 빨려 들어가면서 전파를 방출하는데 이것을 관측한 것이다.

이번에 관측된 블랙홀은 M87이다. M87은 '메시에 목록Messier Catalogue'의 87번 천체라는 뜻이다. 프랑스의 천문학자 메시에는 혜성과 닮아서 혼동을 주는 성운과 성단을 조사해 103개의 목록을 만들었다. 이 목록에는 발견한 천체를 자신의 이름 첫 자를 따서 'M+숫자' 형식으로 표시했다. 메시에가 완성한 이후 6개가 추가되어 목록은 109개가 되었다. 메시에 목록과 함께 많이 사용하는 것이 '성운 및 성단에 관한 신판 일반 목록New General Catalogue of Nebulae and Clusters of Stars', 줄여서 NGC 목록이다. 덴마크 천문학자 존 루이스 에밀 드레이어가 존 허셜의 성운 및 성단에 관한 목록을 토대로 만든 것이다. M87은 NGC 4486, 처녀자리 A 은하Virgo A라고도 하는데 모두 같은 천체를 나타내는 말이다.

블랙홀은 어떻게 만들어지는가?

'너의 힘 때문에 한 점으로 오므라든'이라는 가사는 블랙홀이 어떻게 만들어지는지를 알려 준다. 이때 너의 힘이라는 것은 중력이다. 한 점으로 오므라든다는 것은 중력 때문에 붕괴가 일어나 블랙홀이 생겼음을 나타내는 말이다. 별이 태어나고 죽는 것은 모두 중력 때문이다. 별은 성간운_{우주 공간에 있는 먼지나 티끌이 모인 것}이 중력으로 서로 뭉치면서 탄생한다. 성간운 중에서 밀도가 높은 곳을 중심으로 소용돌이치며 원시 항성이 생긴다. 원시 항성은 중력으로 점점 더 수축해 새로운 별로 태어난다. 별은 수소 핵융합 반응을 통해 빛을 낸다. 핵융합이 일어날 때 질량의 일부가 에너지로 바뀌면서 빛을 내는 것이다. 특수상대성이론을 통해 아인슈타인이 밝혀낸 질량-에너지 등가 공식을 보면 별이 어떻게 빛을 내는지 알 수 있다. 이 단계의 별을 주계열성이라고 하며 태양도 여기에 속한다. 수소 핵융합 반응으로 중심부에 있던 수소를 모두 사용하면 더 이상 핵융합 반응을 일으키지 못하고 핵은 수축하기 시작한다. 이때 핵은 수축하지만 껍질은 오히려 팽창한다. 팽창하면서 거대해진 붉은색의 별을 적색거성이라고 한다. 앞에서 이야기했듯이 붉은색인 적색거성은 크기가 크지만 온도는 낮다. 적색거성에서 외부의 껍질 부분이 급격하게 팽창하면서 **행성상성운**이 만들어지고 결국에는 중심에 백색왜성만 남는다. 행성

> 행성상성운(行星狀 星雲): 질량이 작은 별이 폭발하여 생긴 성운. 처음 관측했을 때 마치 행성처럼 보여 붙여진 이름이다.

상성운이라고 이름 붙였지만 무시하지 마시라. 태양계보다 수천 배나 더 크다!

그렇다면 블랙홀은 어떻게 만들어질까? 질량이 큰 별은 거성을

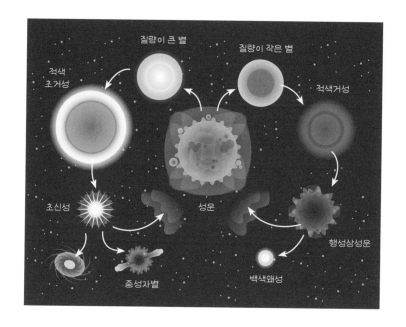

거쳐 큰 폭발을 일으키며 초신성supernova이 된다. 초신성으로 폭발
을 일으킨 별의 잔해가 바로 중성자별과 블랙홀이다. 블랙홀은 별
의 죽음으로 만들어진다. 별의 죽음으로 블랙홀이 생기지만 이것
은 새로운 출발을 뜻하기도 한다. 초신성 폭발이 일어날 때 우주 공
간으로 흩어진 별의 잔해는 새로운 별이나 행성이 탄생하는 재료
가 되기 때문이다. 특히 초신성 폭발 때 생긴 원소 중에는 생물의
몸을 구성하는 데 필요한 원소들이 포함되어 있다. 우리는 별의 죽

음을 통해 태어날 수 있었다는 의미다.

모든 것을 끌어당기는 블랙홀

방금 설명한 별 블랙홀항성 블랙홀 외에도 원시 블랙홀미니 블랙홀, 거대
블랙홀초대질량 블랙홀이라는 총 세 가지 블랙홀이 있다. 원시 블랙홀
은 우주의 탄생빅뱅 때 생겨난 블랙홀로 크기가 작아서 미니 블랙홀
로 불린다. 크기가 작을 뿐 원자만 한 크기에도 커다란 산만큼 질
량이 나갈 정도로 밀도가 크다. '야 야 빅뱅야 빅뱅야'라는 가사처
럼 빅뱅에서도 블랙홀이 만들어진다. 거대 블랙홀은 은하나 은하단
이 중심에 분포하는데 태양 질량의 수억 배 이상으로 무겁다. 이번
에 직접 관측된 M87도 거대 블랙홀로, 태양보다 65억 배나 무겁다.

노래 가사를 보면 '사상의 지평면 그곳은 나의 별'이라는 대목에
서 '사상의 지평면'이라는 말이 나온다. 이번에 블랙홀을 발견한 것
도 '사건의 지평선 망원경EHT, Event Horizon Telescope' 연구진이다. 사
상의 지평면 또는 사건의 지평선은 'Event horizon'을 번역한 말이
다. 사건의 지평선은 블랙홀에서

탈출속도가 빛의 속도보다 커지

> 탈출속도: 물체가 천체의 중력을 벗어
> 나기 위한 최소의 속도다.

는 지점을 말한다. 탈출속도가 빛보다 크기 때문에 사실상 빛조차
도 사건의 지평선을 벗어나지 못한다. 바로 블랙홀과 외부의 경계선
이 사건의 지평선이다. 블랙홀이 검어서 볼 수 없는 것도 바로 중력

이 너무 커서 탈출속도가 빛의 속도를 능가하는 지점이다. 지구의 중력을 벗어나기 위해서는 11.2km/s의 속도가 필요하다. 즉 1초에 11.2킬로미터의 빠르기로 우주를 향해 날아오르면 된다. 반면 블랙홀의 사건의 지평선은 30만km/s 이상이므로 블랙홀에서 출발한 것은 그 무엇도 경계를 통과할 수 없다. 비록 노래에서는 자신을 우물 안의 개구리라 칭하며 우물 밖으로 빠져나왔다고 하지만 그건 우물일 때다. 개구리가 우물을 탈출하는 것이 아무리 어려워 보여도 결코 불가능하지는 않지만, 블랙홀을 탈출하는 것은 불가능하다.

'가시가 저 꽃에 찔려'라는 가사처럼 블랙홀에 빨려 들어가는 천체는 마지막 비명을 지르고 그 속으로 빨려 들어간다. 그 마지막 비명이 X선이다. 블랙홀을 직접 볼 수 없다고 하더라도 블랙홀일 가능성이 있는 후보 천체들은 모두 X선을 뿜었다. GX 339-4도 1970년 미국의 X선 관측 위성 우후루가 찾아낸 것이다. 그 외에도 블랙홀 후보로 처음 발견된 백조자리 X-1도 마찬가지로 강력한 X선을 방출하는 천체다.

앞에서 '한 점으로 오므라든'다는 가사는 블랙홀의 '**특이점**'을 나타내는 말이다. 초신성 폭발 후 남은 중심핵의 질량이 태양의 약 2배가 넘으면 별은 스스로의 중력을 이기지 못하고 한 점으로 중력 붕괴를 일으킨다. 특이점은 부피가 0이고 밀도가 무한대인 지점

특이점(singularity): 수학이나 물리학에서 그 값이 정의되지 않는 지점. 블랙홀의 중심이나 빅뱅이 시작되는 시점처럼 중력이나 밀도가 무한대의 값을 갖는 곳이 특이점이다.

으로 블랙홀은 특이점을 향해 별이 압축되며 생겨난다. 따라서 블랙홀의 중심에는 특이점이 있고, 사건의 지평선을 통해 외부와 경계를 짓고 있다.

✖

느낌 있는
지구과학 실험

막대자석 주변에 나침반을 두고 위치를 이동시켜 가면서 N극이 가리키는 방향을 계속 표시해 본다. N극이 가리키는 방향을 선으로 이어보면 일정한 폐곡선 모양이 된다는 것을 확인할 수 있다. 이때 생기는 폐곡선을 자기력선이라고 하고, 자기력선이 형성된 공간을 자기장이라고 한다. 이 실험을 통해서 나침반의 N극이 자석의 S극을 향한다는 것을 확인할 수 있고, 이를 통해 지구의 북쪽에 S극이 존재한다는 것을 알 수 있다.

고흐의
〈별이 빛나는 밤〉

네덜란드 출신의 대표적인 후기 인상파 화가 빈센트 반 고흐. 그의 그림은 화풍에 따라 여러 시기로 나누기도 한다. 〈감자를 먹는 사람들The Potato Eaters〉1885과 같이 네덜란드에서 활동했을 때는 어두운 색을 주로 사용한 그림을 그렸다. 우리가 흔히 알고 있는 고흐의 그림은 대부분 '아를Arles 시대'로 불리는 1888~1889년 사이에 그린 것들이다. 프랑스로 건너와 활동하면서 대표작인 〈해바라기Sunflowers〉1888~1889에서 볼 수 있는 것과 같은 아주 강렬한 노란색을 많이 사용했다. 이 그림에서 불타는 듯이 보이는 해바라기 때문에 고흐는 '태양의 화가'라는 별명이 생겼다. 이렇게 노란색을 많이 사용한 것은 태양을 갈망한 고흐의 마음을 표현한 것일지 모른다. 하지만 몇몇 의학자들은 사물이 노랗게 보이는 황시증 때문이라고 추측한다. 고흐가 압생트라는 독주를 즐겨 마셔 신경이 손상되었기 때문에 그림에 강렬한 노란색을 많이 사용했다는 것이다. 재미있게도 '고흐 사이언스'라는 말이 나올 정도로 고흐의 작품에는 과학과 연관된 것들이 많다. 그렇다면 고흐의 작품에는 어떤 과학이 숨어 있을까?

고흐는 비록 자신의 귀를 자르고 정신병원에서 치료를 받고 있을 만큼 심약한 상태였지만 날카로운 눈을 가진 천재 화가였다. 고흐가 그린 〈정물-15송이 해바라기가 있는 꽃병Still Life-Vase with Fifteen Sunflowers〉1889를 보면 보통의 해바라기와는 모양이 다르다. 물론 고흐가 자신이 생각한 해바라기의 이미지를 그린 것일 수도 있지만 놀랍게도 그림 속 해바라기는 야생 돌연변이 해바라기와 똑같이 생겼다. 고흐가 자연을 정확하게 묘사한 것은 이뿐만이 아니다. 같은 해에 그린 〈론강의 별이 빛나는 밤Starry Night Over the Rhône〉1888은 천문학에 문외한인 사람조차도 북두칠성을 그렸다는 사실을 쉽게 알 정도다. 이 그림은 론강에 비친 마을 불빛과 밤하늘의 별빛을 배경으로 데이트를 즐기고 있는 연인의 모습을 아름답게 묘사하고 있다. 이는 예술적으로 뛰어날 뿐만 아니라 천문학적으로도 정확하게 그린 그림으로 평가받는다. 하버드대학교의 천문학자인 찰스 휘트니와 캘리포니아대학교의 미술사학자인 앨버트 보임에 따르면 이 그림은 1888년 9월 론강에 비친 밤하늘의 모습을 정확하게 담았다고 한다.

자연이 정확하게 묘사된 작품은 이외에도 많다. 자신의 죽음을 예감하면서 그린 〈삼나무와 별이 있는 길Road with Cypress and Star〉1890에는 금성과 수성 그리고 초승달의 위치가 정확하게 그려져 있다. 또한 미국 텍사스주립대의 도널드 올슨 교수에 따르면 〈한밤의 하얀 집White House at Night〉1890에 나오는 커다란 별별이라 하기는 너무 크지만이 하늘에서 세 번째로 밝은 금성을 그린 것이라고 한다. 그리고 올슨 교수는 종종 일몰이라고 오해받기도 하는 〈월출Moonrise〉1889이 실제로 고흐가 1889년 7월 13일에 떠오른 보름달을 그린 것이라고 주장해 주목을 받기도 했다.

고흐의 그림 중 가장 유명한 작품인 〈별이 빛나는 밤The Starry Night〉1889은 예술과 과학의 종합 선물 세트라 할 만큼 놀라운 작품이다. 일부 천문학자는 그림 속 별이 당시 밤하늘의 양자리와 금성, 달의 모습을 나타낸 것일지도 모른다고 한다. 당시 밤하늘의 천체 위치를 계산해 보면 그림

빈센트 반 고흐, 〈별이 빛나는 밤The Starry Night〉, 1899년, 뉴욕 현대미술관

속 배치와 매우 닮았기 때문이다. 하지만 이 그림은 고흐가 미국 시인 월트 휘트먼의 시에서 영감을 받아 그렸다. 고흐는 휘트먼의 〈정오에서 별이 빛나는 밤으로From Noon to Starry Night〉와 〈나 자신의 노래Song of Myself〉라는 시에 많은 감동을 받았다. 특히 〈나 자신의 노래〉에는 '초승달 어린이가 제 뱃속에 자기 보름달 어미를 데리고 간다'는 구절이 나오는데, 고흐의 그림을 보면 이러한 모습의 달을 볼 수 있다. 물론 모양만 따진다면 월식이 진행 중인 달의 모습과 닮았지만, 휘트먼의 영향을 받아 그린 그림이라고 생각한다면 초승달과 보름달을 동시에 그린 것이라고 해석하는 것이 옳다.

2. News 뉴스에

일기예보에 기압이

황사와 미세먼지가 심해져 어느새 마스크는 필수가 되었다.
곧 깨끗한 산소를 사는 일 역시 일상이 되어 버릴지도 모르
겠다. 그때쯤이면 북극에 빙하는 다 녹아 버렸을까?

전쟁의 승패를 가른
날씨

✖

일기예보

매일 학교 가기 전에 꼭 확인해야 할 것이 바로
일기예보! 특히 체험 학습이나 학교 축제처럼 중요한
행사가 있을 때는 더욱 중요하다. 만일 비가 온다면
모든 것이 수포로 돌아가니까.

마찬가지로 과거에도 일기예보는 중요했다. 역사상 최대
전투로 기록되는 노르망디상륙작전도 날씨가 전쟁의
승패를 갈랐다. 날씨는 연합국의 편이었고, 일기예보를
믿고 상륙작전을 감행해 성공할 수 있었다.

하지만 오늘날에도 일기예보는 100퍼센트 적중하지
못한다. 날씨를 예측하는 건 그렇게 어려운 일일까?

일기예보를 탄생시킨 크림전쟁

19세기 초 나폴레옹전쟁 이후 겉으로 보기에 유럽은 평화로운 듯했다. 하지만 유럽 제국들은 저마다의 야욕을 감춘 채 끊임없이 꿈틀대고 있었다. 러시아는 지중해로 진출하고 싶어 겨울에도 얼지 않는 부동항이 필요해지자 남진정책을 폈다. 이러한 러시아의 야욕은 결국 전쟁의 불씨가 된다. 1853년 영국, 프랑스, 오스만튀르크제국, 사르디니아공국은 연합해 러시아의 남진정책을 막기 위해 크림반도에서 전쟁을 시작했다. 이 전쟁이 바로 제국주의 욕망에 사로잡힌 나라들이 벌인 크림전쟁Crimean War, 1853~1856이다. 하지만 제국의 욕망 때문에 전장에 내몰린 병사들에게 크림전쟁은 너무나 가혹했다. 때마침 불어닥친 폭풍우와 한파로 전함과 수송선은 침몰하고 **페스트**가 유행해 엄청난 피해가 발생했던 것이다.

> 페스트: 쥐에 기생하는 벼룩이 페스트균을 옮겨 전염시키는 감염병. 흑사병이라고도 불린다. 공기나 접촉에 의해 감염되기도 한다.

그에 반해 크림전쟁은 근대 간호학과 기상학이라는 두 가지 학문을 탄생시키기도 했다. 크림전쟁의 비참한 참상이 신문으로 보도되자 병사를 돌보기 위해 의료인들이 도움의 손길을 내밀었는데 현대 간호학의 창시자로 불리는 나이팅게일이 그중 한 명이었다. 추위와 전염병으로 병사들은 속절없이 쓰러졌고, 이를 보다 못한 나이팅게일은 체계적인 간호의 필요성을 느꼈다. 나이팅게일이 전장에서 한 일은 오늘날 흔히 생각하는 '백의의 천사' 이미지와는 거리가 멀다. 전쟁 중 그녀의 별명은 '등불을 든 여인The Lady with the Lamp' 이었고, 가녀린 간호사의 이미지보다는 강단 있는 행정가의 면모가 강했다. 군대와 관료를 설득하기 위해 통계를 이용했고, 야전병원에 체계와 규율을 세워 부상자의 사망률을 42퍼센트에서 2퍼센트로 떨어트리는 기적 같은 업적을 이룬다. 이때 나이팅게일이 전쟁 보고서에서 작성한 '나이팅게일 로즈 다이어그램'은 병사들의 사망 원인을 한눈에 파악할 수 있는 그래프로 유명하다. 이러한 업적으로 왕립학회에서 통계학자로 추대되기도 했다. 전쟁 후에는 영국 빅토리아 여왕에게 병원 개혁안을 건의하는 등 현대 간호학의 체계를 더욱 굳건히 세웠다.

전쟁은 연합국의 승리로 끝이 났으나 전쟁 중 불어닥친 폭풍으로 프랑스 함대는 기함이 침몰하는 등 막대한 피해를 입었다. 폭풍 피해를 줄이기 위해 프랑스 황제는 파리 천문 대장이었던 르베리에에게 조사를 명했고, 이것이 근대적 일기예보의 시초가 된다. 물론 이전에도 관심의 대상이었던 날씨를 나름 과학적인 방법으로 예측하기 위해 노력했다. 하지만 그 수준이 경험을 토대로 한 주관적 예보에 지나지 않았다. 주관적 예보도 없는 것보다는 낫지만 정확성이 많이 떨어졌고, 태풍처럼 드물게 일어나는 현상 앞에서는 아무런 소용도 없었다. 그래서 정확한 일기예보를 위해서는 관측 자료를 토대로 한 수치예보가 필요했다. 르베리에는 일기예보를 하려면 많은 데이터가 필요하다는 것을 깨닫고 관측망을 구성했다. 당시 유럽 곳곳에 설치된 전신을 이용해 신속하게 관측 자료를 수집할 수 있게 되면서 현대적 일기예보가 시작되었다.

우리가 TV에서 보는 일기예보 또한 이러한 관측 자료를 토대로 한다. 과거에도 일기의 변화에 대한 징후를 보고 예측을 하기는 했지만 근대적인 일기예보란 이러한 수치 자료를 토대로 한 수치예보에서 시작된 것이다.

일기예보가 왜 이렇게 어려울까?

'기상청에서 야유회를 갈 때 비가 온다'는 농담이 있다. 직접 일기예보를 하는 그들조차 비오는 날을 알지 못한다고 비꼬는 이야기다. 우리나라는 세계 최초의 기상관측 기구인 측우기를 발명한 조선의 후손답지 않게 1970~1980년대만 해도 예보 수준이 낮았다. 이후 꾸준한 노력으로 적중률이 많이 높아졌다. 그럼 정확도가 얼마나 될까? 2018년 국정감사에서 밝힌 바에 따르면 46퍼센트다. 그렇게 많은 예산을 쏟아붓고 연구를 했건만 아직까지 절반도 못 맞힌다는 거다. 그래서 2000년 일본에서 슈퍼컴퓨터를 들여온 것을 시작으로 2019년에는 중국산 슈퍼컴퓨터를 600억 원에 들여오는 등 정확도를 높이기 위해 많은 노력을 하고 있다. 그렇다면 슈퍼컴퓨터까지 동원해야 할 만큼 일기예보가 어려운 이유는 무엇일까?

그 이유는 정확한 기상예보 모델이 없고 날씨가 비선형적으로 변하기 때문이다. 흔히 관측소나 위성에서 관측한 자료를 토대로 날씨를 예상하면 될 것이라고 쉽게 생각하지만 그것이 그리 간단한 문제가 아니다. 관측 자료는 관측 시점의 상황은 정확하게 알려 준다. 하지만 우리에게 필요한 것은 미래의 상황이다. 즉 현재의 데이터로 미래를 예측해야 하는 것이다.

날씨를 예측하려면 시간을 포함한 방정식의 형태로 표현 가능한 날씨 모델이 있어야 한다. 이것은 날씨뿐 아니라 미래의 변화를 예측하기 위한 모든 과학 분야에 적용되는 원리다. 그 원리는 미분적 분학을 바탕으로 물체의 운동을 기술한 뉴턴역학에서 시작되었다. 일정한 속도로 움직이는 물체의 속도를 알고 있으면 어떤 시간에서 물체의 위치를 예측할 수 있다. 마찬가지로 시간에 따라 온도나 기압 등의 기상 상태가 어떻게 변하는지를 방정식의 형태로 나타낼 수 있다면 날씨를 예측할 수 있다. 현재 측정한 자료를 토대로 계속 시간에 따른 변화를 더해 가면 이를 시간에 따른 적분이라고 한다. 결국 미래의 기상 상태를 얻을 수 있다. 그러면 원하는 시간의 기상 상태를 나타내는 수치를 가지고 날씨를 예보하면 된다. 이렇게 이야기하니 정말 간단한 작업처럼 보일지도 모른다. 하지만 그렇다면 왜 슈퍼컴퓨터가 필요하겠는가?

슈퍼컴퓨터가 필요한 것은 계산할 기상 요소들이 그만큼 많기 때문이다. 기상예보를 위해 르베리에는 유럽의 관측망을 통해 데이터 250개를 모았고, 이후에도 전보를 통해 자료를 받았다. 하지만 현재 우리나라는 600개 이상의 무인 지상 관측소를 통해 매분마다 실시간으로 기상관측 자료를 수집하고 있다. 지상의 관측 자료뿐만 아니라 대기의 수직 분포와 움직임을 파악하기 위해 상층의 고층기상관측도 실시한다. 고층기상관측을 위해서는 라디오존데radiosonde라는 장비를 사용한다. 헬륨 풍선에 관측 장비를 매달아 띄우면 장비는 지상으로부터 35킬로미터 높이까지 올라가면서 데이터를 관측소로 보낸다. 그 고도에 도달하면 풍선은 팽창해 터지고 장비는 낙하산에 매달려 지상으로 떨어진다. 기상청에서는 포항을 비롯한 여섯 군데 관측소에서 하루에 네 번 라디오존데를 띄워 30킬로미터 이상 상공까지의 기압, 기온, 습도, 풍향, 풍속 등을 관측한다. 이뿐만이 아니다. TV에서 접하는 일기예보 방송을 보면 기상위성의 사진을 보여 줄 때가 많다. 그만큼 기상위성의 활용도는 크다. 기상위성은 극궤도와 정지궤도를 돌면서 기상 변화를 살펴보아 지상으로 전송한다. 또 흥미로운 것은 고층대기 상태를 직접 가지 않고도 지상에서 관측할 수 있는 방법이 있다는 것이다. 이 방법은 컴퓨터그래픽스로 기상 변화를 사진으로 보여 주는 것인데, 기상레이더를 활용해 기반이 되는 데이터를 축적한다. 기상레이더는 지상의 레이더에서 레이더파를 발사한 후 구름에서 반사되어 돌아온 파장을 이용해 대기 상태를 조사한다.

요즘은 르베리에 때와는 비교할 수 없을 정도로 방대한 자료를 다룬다. 자료가 많으면 많을수록 날씨 모델이 정확해진다. 마치 픽

셀이 많을수록 모니터의 해상도가 높아져 정밀한 묘사가 가능한 것과 같은 원리다. 이렇게 날씨 모델을 위해 방대한 관측 자료를 모았지만 정확한 예보는 어렵다. 당구공의 충돌처럼 선형적 운동이 아니라 대기의 움직임은 비선형적 운동이기 때문이다. 대기는 일직선으로 움직이지 않으므로 직선의 방정식과 같은 선형적인 형태로 표시할 수 없고, 계산이 까다로운 비선형 방정식의 형태가 된다. 따라서 방대한 데이터를 빠른 시간 안에 계산하는 데는 성능 좋은 슈퍼컴퓨터가 필요한 것이다.

관측 자료가 정확하다고 하더라도 날씨 예측은 이렇게 어렵다. 하지만 모든 측정은 기본적으로 오차를 포함할 수밖에 없다. 만일 0.1퍼센트의 관측 오차가 생겼다고 가정해 보자. 선형적인 운동에서는 0.1퍼센트의 영향밖에 주지 않지만 비선형적인 운동에서는 사소한 오차도 커다란 변화를 가져올 수 있다. 그래서 '베이징에서 나비의 날갯짓이 뉴욕에서 태풍을 일으킨다'는 말이 생겨났다.

오늘도
미세먼지 경보

✖

미세먼지

예전에는 일회용 마스크를 끼면 다들 의아하게
생각했지만 이제는 KF 수치까지 따져 가며 마스크를
고르는 세상이 되었다. 단 몇 년 만에 이렇게 변하다니.
이제는 학교 가는 길에 마스크 쓴 사람을 보는 것도
어렵지 않다. 요즘은 공기가 왜 이렇게 나빠진 걸까?
오늘도 아침에 창문을 열어 보니 좀 뿌옇다 싶었다.
아니나 다를까 미세먼지 알리미와 뉴스에서 미세먼지
'나쁨'이라고 알려 준다.
운동장에서 체육도 하고 싶은데 미세먼지 때문에
실내에서 수업을 해야 하다니 정말 짜증난다.
미세먼지가 대체 뭐기에 나를 이렇게 불편하게 만들지?

일기예보에 기압이

미세먼지와 초미세먼지 중 더 나쁜 녀석은?

'서울 초미세먼지 나쁨', '전국 초미세먼지 보통' 같은 뉴스는 더 이상 사람들의 관심을 끌지 못할 정도로 미세먼지는 이제 일상이 되어 버렸다. 너무 일상적이다 보니 오히려 '매우 나쁨'은 되어야 사람들의 주목을 끌 수 있다. 미세먼지에 대한 관심이 높아진 것은 채 몇 년이 되지 않았다. 그래서 사람들이 예전에는 미세먼지가 없는 깨끗한 환경에서 살았다고 착각한다. 하지만 미세먼지에 대한 보도와 연구는 예전부터 꾸준히 이뤄졌다. 다만 대중의 관심을 끌지 못했을 뿐이다. 미세먼지를 포함한 대기오염에 대한 경고는 그동안 꾸준히 계속되었다. 못 믿겠다면 인터넷으로 한번 검색해 보라.

먼지는 문명이 발달하면서 등장한 것이 아니다. 대기의 운동으로 먼지는 항상 공기 중에 떠다닌다. 먼지라 칭하는 것에는 흙 입자가 가장 흔하지만 사실 종류가 다양하다. 바닷물에서 생긴 염류나 꽃가루, 곰팡이나 포자식물의 포자 등 자연에서 발생하는 것을 포함해 인간의 활동으로 인한 각종 오염 물질 등이 있다. 그렇다면 미세먼지가 무엇이기에 사람들의 관심을 끄는지 알아보자.

환경부에서는 '환경기준'을 설정해 국민들의 건강을 보호하고 쾌적한 생활환경을 유지하려고 한다. 환경기준은 각국의 상황에 따라 조금씩 다르게 설정되는데, 우리나라에서 설정한 대기 환경기준은 2016년부터 8개 항목 아황산가스, 일산화탄소, 이산화질소, 미세먼지, 초미세먼지, 오존, 납, 벤젠을 대상으로 설정·운영하고 있다. 환경부는 1995년부터 미세먼지PM 10를 대기오염 물질로 규제하고 있으며, 초미세먼지PM 2.5는 2015년부터 측정해 규제하고 있다. 일기예보를 할 때 대기오염 상태도 같이 볼 수 있지만 대기오염이 환경부 소관이어서 환경부의 에어코리아에서 관련 자료를 제공한다.

미세먼지를 구분하는 것은 크기다. 먼지 중 지름이 10마이크로미터㎛, 1㎛=1000분의 1㎜ 이하인 것을 PM 10Particulate Matter 10, 2.5마이크로미터를 PM 2.5로 구분한다. 문제가 되는 초미세먼지가 바로 PM 2.5이다. 사람의 머리카락 지름이 50~70마이크로미터라는 것을 생각해 보면 초미세먼지인 PM 2.5가 얼마나 작은지 실감할 수 있을 것이다.

먼지는 자연에 항상 존재해 왔으므로 인체는 이를 방어하기 위한 기본적인 장치가 있다. 그것이 바로 콧속에 있는 코털이나 점막이다. 호흡을 하려고 공기를 들이마시면 항상 먼지가 같이 딸려 들어온다. 만약 이를 걸러 주지 않으면 허파 안에 먼지가 쌓여서 숨을 쉬기 곤란해진다. 그래서 진화 과정에서 우리 몸은 먼지를 걸러 내는 방법을 탄생시켰다. 문제는 초미세먼지다. 원래 초미세먼지는 자연에서는 잘 볼 수 없는 것이니 우리 몸은 이를 걸러 낼 수 있는 대비책을 마련하지 못했다. 그래서 초미세먼지는 우리 몸의 방어막으로는 잘 걸러지지 않는다. 따라서 폐로 들어온 후 폐포를 통해 온몸으로 침투해 여러 가지 피해를 주기 때문에 무서운 것이다.

항목	기준
아황산가스 (SO_2)	연간 평균치 0.02ppm 이하
	24시간 평균치 0.05ppm 이하
	1시간 평균치 0.15ppm 이하
일산화탄소 (CO)	8시간 평균치 9ppm 이하
	1시간 평균치 25ppm 이하
이산화질소 (NO_2)	연간 평균치 0.03ppm 이하
	24시간 평균치 0.06ppm 이하
	1시간 평균치 0.10ppm 이하
미세먼지 ($PM10$)	연간 평균치 50μg/㎥ 이하
	24시간 평균치 100μg/㎥ 이하
초미세먼지 ($PM2.5$)	연간 평균치 15μg/㎥ 이하
	24시간 평균치 35μg/㎥ 이하
오존 (O_3)	8시간 평균치 0.06ppm 이하
	1시간 평균치 0.1ppm 이하
납(Pb)	연간 평균치 0.5μg/㎥ 이하
벤젠	연간 평균치 5μg/㎥ 이하

1ppm(농도)=100만분의 1=10^{-6}, 1μg(질량)=100만분의 1g

대기 환경기준(환경부 고시)

미세먼지의 주범은 중국?

봄철에는 대기가 건조해 황사가 잘 생긴다. 편서풍을 타고 고비사막이나 타클라마칸사막에서 발생한 모래 먼지가 우리나라로 날아온다. 황사에 대한 피해는 이미 《삼국사기》에도 기록이 있을 정도로 오래되었다. 이것이 과거 교과서에서 배운 황사에 대한 내용이다. 하지만 이제는 황사가 봄철뿐만 아니라 계절에 상관없이 중국에서 날아온다. 중국과 몽골의 초원 지대가 사막으로 변하면서 발생한 현상이다. 황사는 미세한 모래 먼지로 주로 20마이크로미터 이하의 모래 먼지가 날아와 피해를 준다. 물론 그보다 큰 모래 먼지도 있지만 큰 것은 중력에 의해 중국이나 서해에 낙하해 우리나라까지 날아오는 일은 드물다. 이렇게 황사에 의한 피해가 발생하면서 황사처럼 미세먼지도 중국에서 시작된 것이라 생각하는 사람이 많다. '중국이 미세먼지의 주범'이라고 믿게 된 것이다. 뉴스에서 흔히 사용되는 미세먼지가 낀 서울 하늘의 모습은 마치 스모그로 유명했던 런던, 베이징이나 상하이의 모습을 보는 듯하다. 그래서 우리나라 사람들의 뇌리에는 다음과 같은 시나리오가 생겼다.

① 런던 스모그의 주범은 산업혁명 이후 공장에서 생겨난
   매연이다.
② 중국에 산업화가 진행되면서 매연을 배출하는 공장이
   늘었고 대기오염이 발생했다.

③ 우리나라는 편서풍대에 속해 있어 중국에서 배출한
   오염된 공기가 날아온다.
④ 인공위성의 사진을 확인해 보면 중국과 서해를 포함한
   한반도가 오염된 것을 볼 수 있다.

완벽한 시나리오 아닌가? 안 그래도 중국과 감정이 좋지 않은데 때맞춰 사드 문제까지 불거지자 중국에 항의해야 한다는 여론이 들끓었다. 그런데 문제가 좀 있다. 우선은 미세먼지에 대해 중국의 책임을 거론하려고 하니 명백한 증거를 찾기 어렵다는 것이다. 사실 확실한 증거가 있다고 한들 중국이 그걸 쉽게 인정하진 않을 테지만. 그래도 어쨌건 중국에 항의라도 해 보려면 증거를 찾는 것이 우선이다. 그렇지 않으면 우리가 아무리 떠들어 봐야 중국에서는 콧방귀도 안 낀다. 오히려 증거도 없이 자신들에게 책임을 뒤집어씌운고 난리칠 것이 뻔하다. 그러니 제대로 알고 대비하자는 이야기다.

과학자들이 연구를 해 보니 일반적인 생각과 달리 미세먼지에 가장 큰 영향을 주는 요인은 편서풍이 아니었다. 오히려 바람이 잘 부는 날에는 미세먼지가 심하지 않다. 그렇다면 무엇이 미세먼지를 많이 일으킬까? 바로 대기 정체다! 사실 중국의 오염 물질은 편서풍을 타고 오는 동안 확산되므로 우리에게 전달되는 것들은 그렇게 많지 않다. 하지만 대기 정체가 생길 경우에는 오염 물질의 확산이 일어나지 않아 그대로 쌓여 있게 된다. 대기 정체의 요인은 다

양하다. 대표적인 것이 기온역전층이다. 기온역전층은 말 그대로 기온의 분포가 역전되었다는 뜻이다. 원래 기온은 지표면에서 올라갈수록 낮아진다. 이는 태양복사 에너지가 지표면을 가열하면 지표면의 기온이 올라가기 때문이다. 반대로 지표면으로부터 고도가 높아지면 기온이 내려간다. 그래서 지표면에서 데워진 밀도가 낮은 공기가 상층의 기온이 낮은 곳으로 올라가면서 공기의 순환이 일어나게 된다. 하지만 복사냉각이 심하게 일어나면 지면의 기온이 오히려 상층부보다 낮아진다. 이렇게 되면 지면 근처의 공기 온도가 낮아 무거워진 공기는 상승할 수 없어서 지표면에 정체된다. 늦가을이나 겨울 새벽에 복사냉각이 활발하게 일어나면 대기 정체가 잘 발생한다.

지금까지 이야기한 것은 대기 상태에 따른 초미세먼지 수준이다. 다시 말하면 일기예보처럼 초미세먼지가 날마다 다른 이유가 대기의 상태에 영향을 받는다는 것을 설명했을 뿐이다. 하지만 진짜로 궁금한 것은 애초에 초미세먼지가 왜 생기냐는 것이다. 앞에서도 잠시 언급했지만 초미세먼지의 발생 원인은 인간의 활동에 있다. 우리나라든 중국이든 산업화가 진행되면서 초미세먼지가 많아졌다. 그래서 초미세먼지를 줄이기 위해서는 중국의 협조뿐 아니라 우리의 꾸준한 노력이 필요하다. 사실 1980~1990년대보다는 대기의 질이 나아졌지만 아직까지 사람들이 느끼기는 어렵다. 중국의 산업화로 발생한 질소산화물이나 황산화물 또는 그러한 오염 물질로 생겨난 스모그도 여전히 한반도에 유입되고 있다. 중국에서 날아오는 황사를 보면 미세먼지도 가득할 것 같은 느낌이 들 것이다. 하지만 황사가 우리나라의 초미세먼지 문제를 일으키는 직접적인 원인이라고 보기는 어렵다. 황사에는 우리 몸에 치명적이라는 PM 2.5의 양은 많지 않고, PM 10의 비율이 높기 때문이다. 하지만 기존의 오염물질과 함께 대기를 오염시키는 건 사실이다.

이제 초미세먼지 문제를 해결하기 위해서는 중국만 비난하고 원망해서는 아무것도 해결할 수 없다. 사실 우리나라를 비롯해 선진국들은 자국의 이익을 위해 중국에 대량으로 공장을 세웠다. 물론 중국은 자신의 이익을 위해 공장 건설을 허락했지만 이 때문에 새로운 문제가 생겼다. 이제 중국도 이익을 위해 환경을 포기했던 과오를 깨닫기 시작했고, 환경오염을 줄이기 위해 석탄을 사용하는 산업의 생산량을 감축하는 등의 규제를 하고 있다. 아울러 우리나라도 사막화 때문에 발생하는 황사의 피해를 조금이라도 줄여 보기 위해 중국이나 몽골 초원에 나무를 심는 운동을 하고 있다.

초미세먼지에 대해 분명히 해 둬야 할 것이 있다. 초미세먼지는 누구의 탓이 아닌, 문명의 편리함 속에 숨어 있는 죽음의 그림자와 같다. 인간이 자신의 편리함을 위해 일으킨 환경 재해다. 따라서 초미세먼지를 줄이기 위해서는 더 많은 비용을 지출하고, 불편함을 감내할 자세가 필요하다.

인류의 미래가 걸린 문제

✖

기후변화

TV에서 종종 북극곰을 도와달라는 캠페인을 볼 수
있다. 북극곰이 살아갈 빙하가 지구온난화로 계속 녹아
설 곳이 없어진 북극곰이 바다에 빠지는 영상은
보는 이들로 하여금 안타까움을 자아낸다.
기사 역시 장난 아니다. 기후변화와 관련된 기사와
뉴스는 매일같이 엄청나게 쏟아진다. 기후변화는 이제
생존의 문제라는 것이 상식 아닌 상식이 되어 버렸고,
기후변화를 막기 위해 수업을 거부하고 거리로 나온
학생들의 이야기도 들을 수 있다.
기후변화는 이제 지구의 미래가 걸린 생존의 문제가
되었다.

기후변화로 무엇이 일어나는가?

'기후변화에 사라지는 태국 해변', '불타는 호주… 기후변화는 이미 당신 옆에 와 있다!' 기후변화라는 기사를 인터넷으로 검색하면 이처럼 관련 기사가 수없이 쏟아져 나온다. 기후변화는 날씨나 농업뿐 아니라 사회 전반에 걸쳐 그 무엇도 관련되지 않은 것이 없을 정도로 광범위한 영향을 끼치고 있다. 날씨가 인간 생활 전반에 영향을 주니 기후가 변한다면 당연히 우리는 영향을 받을 수밖에 없다. 그런데 정작 기후가 무엇인지 제대로 알지 못하고 기후변화를 이야기하는 사람이 많다. 그렇다면 기후와 날씨의 차이가 정확히 무엇인지 아는가?

기후는 매일매일의 날씨와 다르다. 기후는 30년간의 날씨를 평균한 것을 말한다. 예를 들어 '2018년, 100년 만의 무더위'라는 말은 기후변화라고 할 수 없다. 기후는 특정한 해의 기온이 높다거나 폭우나 강추위가 몰려왔다 해서 변했다고 말할 수 없다. 기후는 오랜 기간 동안의 평균 날씨를 나타내기 때문이다. 지구의 기후는 지구가 생겨난 이래 꾸준히 변했다. 지구의 기후가 일정하게 유지된다는 생각은 인간의 관점일 뿐 기후는 꾸준히 변했다. 즉 지구의 기후는 태양 복사량, 대륙의 분포, 얼음의 분포 면적 등 다양한 요인에 따라 변한다. 매일 똑같은 태양이 떠오르는 것처럼 보이지만 지구와 태양 사이의 거리는 조금씩 달라지며, 마치 팽이의 축이 빙글빙글 돌면서 달라지는 것처럼 지구의 자전축도 조금씩 변한다. 또한 항상 일정하게 우리를 비춰 주는 듯 보이는 태양도 그렇다. 태양의 활동 정도에 따라 지구에 도달하는 복사량이 주기적으로 달라진다. 이를 밀란코비치 주기Milankovitch Cycles라고 한다. 지구의 기후는 이러한 천문학적인 요인뿐 아니라 대륙의 이동에 따른 영향도 받는다. 또한 얼음은 태양복사 에너지를 우주로 방출하는 역할을 하므로 얼음의 분포 면적이 늘어나면 지구의 기온을 더욱 떨어트린다. 이외에도 생물의 활동이나 화산 폭발에 따른 기체 성분이나 먼지 양의 변화 등 다양한 요인으로 지구의 기후는 계속 변해 왔다. 인간 때문에 지구온난화가 생겨났다는 의견을 지지하지 않는 사람들은 대체로 이러한 자연의 주기 변동에 의해 지구의 기온이 계속 변화해 왔다는 것을 근거로 내세운다. 즉 현재 지구의 기온이 올라가는 것도 자연스러운 일이라는 거다.

기후변화는 생물 종에 따라 희비가 엇갈리는 결과를 낳았다. 기후변화에 적응하지 못한 생물은 멸종이라는 막다른 길로 내몰렸고, 반대로 잘 적응한 생물은 번성할 수 있는 기회를 얻었다. 인류가 지구상에 등장한 이후에도 기후는 계속 변했다. 다른 생물들과 마찬가지로 인류도 네 번의 빙하기를 겪으면서 생존을 위협받기도, 반대로 번성할 수 있는 기회를 얻기도 했다.

지구가 탄생한 이래로 기후가 계속 변했다면 지금에서야 문제를 제기하는 이유는 뭘까? 그것은 지금의 기후변화가 자연적인 것이 아니라 인간이 만들어 낸 인위적인 문제이기 때문이다. 온난했

일기예보에 기압이

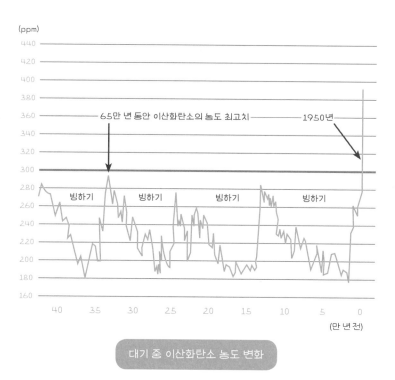

(ppm)

65만 년 동안 이산화탄소의 농도 최고치 — 1950년

빙하기　　빙하기　　빙하기　　빙하기

40　35　30　25　20　15　10　5　0

(만 년 전)

대기 중 이산화탄소 농도 변화

던 과거의 그 어떤 시기도 지금처럼 이산화탄소의 농도가 높았던 적은 없다. 지금의 온난화는 자연적인 현상이 아니라 인간 때문에 일어났다는 뜻이다. 19세기 후반부터 지금까지 꾸준히 기온이 올라가고 있는데, 지구의 역사상 다른 어느 때보다 상승률이 높은 것은 모두 인간의 활동 때문이지 다른 자연적인 요인을 찾기 어렵다. 그래서 기후변화를 막지 않으면 인간과 지구상의 생물들이 함께 대량 멸종할 수 있다는 위기론이 대두되고 있다.

기후변화를 막아라!

지구온난화는 기후가 인간에 의해 변하고 있다고 보는 시각이다. 지구온난화를 처음 주장했을 때는 이의를 제기하는 과학자들이 많이 있었지만 지금은 거의 기정사실이 되었다. 이런 주장의 근거로는 이산화탄소의 증가, 해수면의 상승, 빙하의 감소 등이 있다.

기후변화 뉴스를 보면 아직도 미국의 트럼프 대통령과 석유 관련 기업들은 기후변화를 부정한다는 주장을 종종 한다. 하지만 그러한 주장은 자신들의 이익과 관련된 것일 뿐 대부분의 국가에서는 기후변화를 막기 위한 노력이 필요하다고 생각한다. 대표적인 것이 신재생에너지 사용을 늘리는 것이다. 기후변화를 막기 위해 인간의 활동으로 발생하는 이산화탄소를 줄이는 일이 시급하기 때문이다. 산업혁명 이후 화석연료를 많이 사용했고 지난 200여 년 동안 대기 중 이산화탄소의 농도가 꾸준히 늘어났다.

이산화탄소를 구성하는 탄소는 지구계 내에서 끊임없이 순환한다. 이를 탄소순환이라고 한다.

> 지구계(earth system): 지구를 구성하는 요소들의 집합. 지권, 수권, 기권, 생물권, 외권으로 이루어져 있다. 이 요소들은 서로 영향을 주고받는다.

석탄이나 석유와 같은 화석연료의 연소나 생물의 호흡은 공기 중으로 이산화탄소를 방출한다. 이산화탄소는 광합성을 통해 유기물로 다시 합성된다. 해양 생물의 경우 바닷물에 녹아 있는 탄산 이온을 이용해 껍데기를 만들어 이산화탄소를 축적한다. 이러한 과정을 통해 이산화탄소는 끊임없이 순환하지만 어느 한 과정이 늘어나거나 줄어들면 순환 과정에 영향을 주게 된다. 이산화탄소는 식물의 광합성에 꼭 필요하다. 그래서 이산화탄소의 양이 많아지면 농산물 생산량이 늘어나므로 이득이 될 수 있다는 주장도 있다. 물론 이산화탄소의 양이 식물의 광합성 양을 늘리기는 하지만 식물과 바다가 수용할 수 있는 양을 넘어 지속적으로 이산화탄소가 증가한다는 것이 문제다. 바다에 이산화탄소가 너무 많이 녹아들면 산성화되어 산호초가 죽는 백화현상이 일어난다. 산호초가 죽으면 이를 기반으로 한 해양생태계가 파괴된다. 더 아이러니한 것은 따로 있다. 한편에서는 화전식 농법으로 엄청난 숲이 파괴되고 있다는 점이다. 결국 이러한 화석연료의 사용량이 증가하고, 숲을 파괴하는 인간의 활동으로 대기 중에 이산

> 화전식 농법: 숲이나 들에 불을 놓아 잡초나 잡목을 태운 후 그 자리에 농사를 짓는 방식. 삼림과 토양을 황폐화시키는 전근대적인 농업 방식으로 열대지방과 같이 낙후된 지역에서 행해지고 있다. 국내에서 화전은 법으로 금지하고 있다.

화탄소의 양이 많아질 수밖에 없다. 따라서 기후변화를 막기 위해서 화석연료의 사용량을 과감하게 줄이고, 산림을 보호하는 정책이 필요한 것이다.

온실가스에는 이산화탄소만 있는 것은 아니다. 이산화탄소를 비롯해 수증기와 메테인 등도 온실효과를 일으킨다. 그런데 유독 이산화탄소에만 문제를 제기하는 것은 지금 일어나고 있는 지구온난화의 주범이 바로 이산화탄소이기 때문이다. 이산화탄소는 지구 대기 성분 중 약 0.04퍼센트밖에 안 된다. 그런데 이산화탄소가 많아

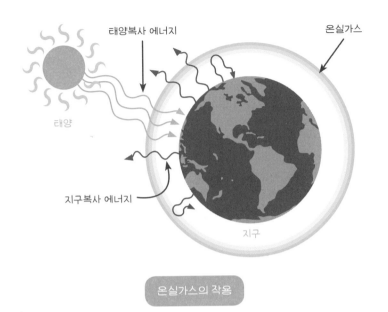

지는 것을 걱정하는 이유는 온실효과 때문이다. 원래 태양복사 에너지는 지구 대기를 통과할 때는 거의 흡수되지 않는다. 지표면에 도달한 후 적외선 형태인 지구복사 에너지로 방출될 때 이산화탄소에 의해 흡수된다. 즉 우주에서 지구로 들어오는 태양복사 에너지와 지구가 우주로 뿜어내는 지구복사 에너지가 평형상태에 있으면 지구는 일정한 기온을 유지하게 된다. 하지만 지구복사 에너지를 일부 흡수하게 되면 우주로 방출하는 복사에너지의 양이 감소해 지구의 연평균 기온이 올라가는 것이다. 물론 다른 온실가스 또한 이런 효과를 만들어 내지만 그렇다고 이산화탄소의 책임이 줄어드는 건 아니다.

목숨을 건
예측

✖

일식과 월식

새로운 왕이 나라를 세우면, 자신이 왕이 되어야
하는 이유를 하늘의 뜻이라 설명했다고 한다.
그런데 새로운 왕은 하늘의 선택을 받았다는 것을
어떻게 보여 줬을까? 그 누구도 하늘의 신을 직접
만나 본 적이 없는데 말이다.
그래서 예로부터 하늘의 뜻을 여러 천문 현상을 보고
유추했다고 한다. 따라서 해나 달의 움직임을 보고
길조는 아니어도 최소한 흉조는 없어야 안심할 수
있었다.
특히 일식은 흉조였다. 조상들은 왕을 상징하는
태양이 사라지는 게 얼마나 무서웠을까?

세종대왕, 구식례를 열다

태양은 항상 일정한 시간에 뜨고 진다. 구름이 태양을 가리지 않는 한 태양은 항상 세상을 밝게 비춘다. 예로부터 그것은 하늘이 인간을 보살피고 있다는 뜻이기도 했다. 하늘에서 일어나는 모든 것이 신과는 무관한 천문 현상일 뿐이었지만 과거에는 그렇게 생각하지 않았다.

조선 시대에 과학이 발달하면서 천문 현상을 관측한 지식을 어느 정도 생활에도 활용했다. 하지만 특이한 천문 현상은 여전히 흉조로 여겼다. 태양을 먹는다는 뜻의 일식日蝕이 그러한 현상 중 하나였다. 태양은 왕을 상징하는데 이를 달이 좀먹듯이 가린다는 것은 불길한 징조가 아닐 수 없었다. 그래서 일식이 일어날 때면, 태양을 구하는 의식인 구식례救食禮를 열었다.

1422년세종 4년 1월 1일에 일식이 일어날 것이라는 서운관의 예보를 토대로 세종은 구식례를 열었다. 창덕궁 인정전 뜰 앞에는 세종과 신하들이 소복을 차려입고 경건한 마음으로 하늘에 빌기 위해 모여 있었다. 하지만 일식은 서운관에서 예측한 시각보다 1각15분 늦게 일어났다. 이에 대한 책임을 물어 천문 관리였던 이천봉이 곤장을 맞았다는 기록이 전해진다. 당시 기술로 일식 예보를 15분 늦게 한 것이 뭐가 그리 대수냐고 하겠지만 그땐 그랬다. 임금은 마땅히 하늘을 공경해야 하며, 이를 위해 천문을 아는 것을 매우 중히 여겼기 때문이다. 따라서 천문을 잘못 읽은 것에 대해 책임을 물

일기예보에 기압이

어 처벌하는 것은 당연했다. 태종 때는 귀양을 가거나 옥에 갇혔다가 풀려나는 관리도 있었다. 물론 처벌만 한 것은 아니다. 성종 때는 일식 예보를 정확하게 했다고 상을 내리기도 했다. 그만큼 서운관에서는 천문 관찰을 통해 왕조의 미래를 내다보는 일에 최선을 다해야 했다. 서운관은 오늘날의 기상청에 해당하는 관청이었는데, 천문·기상과 같은 과학적인 일에서 풍수와 점술 같은 미신까지 미래를 예측할 수 있는 것이라면 뭐든 다 했다.

세종은 역사상 가장 합리적이며 과학적인 임금이다. 하지만 당시의 과학기술 수준으로는 일식을 완벽하게 이해할 수 없었다. 세종조차도 일식을 일으키는 천상의 천문 현상을 지상의 일과 완전히 분리하지 못했다. 일식은 천체의 운동 때문에 일어나는 규칙적인 천문 현상일 뿐이지만 임금이 덕을 쌓으면 일어나지 않을 수 있다고 여긴 것이다. 일식은 삼국시대와 고려 시대에도 《삼국사기》나 《고려사》와 같은 역사서에 꾸준히 기록되던 현상이었다. 꾸준히 관측·기록된 현상이었으니 이에 대한 규칙성도 찾아냈고 예보를 할 수 있는 능력도 있었다. 그런데도 세종조차 이러한 천문 현상을 자연현상으로 해석하지 못하고 신의 뜻과 연관 지어 생각할 정도였으니 천문 현상을 신과 분리해 자연현상으로 이해하기 위해서는 엄청난 사고의 전환이 필요했을 것이다.

하늘과 지상을 연결해 생각했던 것은 서양도 마찬가지다. 천문 현상을 인간의 삶과 별개로 생각하기 시작한 것은 지구를 우주의 중심에서 내쫓고 난 후에야 가능했다. 16세기에 니콜라우스 코페르니쿠스가 지구 중심적 사고에서 탈피해 지동설을 주장하면서 제대로 이해할 수 있게 된 것이다. 여러분은 지동설을 책에서 간단하게 배우지만 누워서 하늘을 쳐다볼 기회가 있다면 조용히 한번 관찰해 보라. 밤하늘의 별이 지구가 운동하기 때문에 움직인다는 생각이 들지는 않을 것이다. 만일 그런 생각이 든다면 그건 이미 배웠기 때문이지 실제로 그런 느낌은 좀처럼 들지 않는다. 땅이 움직이는 것이 아니라 하늘이 움직인다는 생각을 할 수밖에 없을 것이다. 그만큼 천동설에서 지동설로 옮겨 갔다는 것은 사고의 대전환이 필요한 일이었다.

일식과 월식이 생기는 이유는?

아무리 세종이 현명했다고 해도 천문관측 기술이 발달하지 못한 상태에서 일식을 제대로 이해할 수는 없었다. 1각의 오차가 생긴 것이 서운관의 잘못이 아니라 **천문도** 때문이라는 것을 알아낸 것만으로도 세종의 판단력은 뛰어났다고 볼 수 있다. 세종은 이 오차가 조선의 하늘을 기준으로 한 천문도를 갖지 못해 중국의 천문도를 사용하면서 생긴 것임을 깨달았다. 그래서 조선만의 천문도와 **역법**을 만들기 위해 힘썼다. 이와

> **천문도**(天文圖): 별과 별자리를 표시한 그림. 성도(星圖)라고도 한다.
> **역법**(曆法): 천체의 운행을 관측해 시간의 흐름을 측정하는 방법이다.

일기예보에 기압이

같이 세종은 당시에 알아낸 것을 최대한 이용해 일식 예보 체계를 바꾸기 위해 노력한 현명한 군주였다.

조선 시대와 달리 오늘날에는 스마트폰만 있으면 일식과 월식이 발생하는 때를 정확히 알 수 있다. 세종과 장영실이 그렇게 알고자 했던 것을 이제 스마트폰으로 누구나 쉽게 알 수 있는 세상이 된 것이다. 이런 일이 가능한 것은 일식과 월식이 발생하는 이유를 정확히 알고 계산할 수 있기 때문이다. 이제는 일식과 월식을 하늘의 계시라고 여기지 않는다. 오히려 중요한 천문 쇼로 여기고 곳곳에서 관측 행사를 벌인다. 물론 20세기에도 일식을 두렵게 여긴 사람들이 있긴 했다. 하지만 이젠 천문 쇼를 즐기려는 이들이 훨씬 많다. 만일 월식을 관측할 기회가 있다면 별다른 장비 없이 맨눈으로 봐도 된다. 하지만 일식을 관찰하려면 특별한 준비가 필요하다. 일식은 태양을 직접 쳐다봐야 하므로 눈을 보호하는 데 각별히 신경을 써야 한다. 자칫 하면 눈에 손상을 입어 시력을 잃을 수도 있기 때문이다.

여러분은 일식과 월식 중 어느 것에 대한 뉴스를 더 많이 접했는가? 곰곰이 한번 생각해 보라. 아마 월식 소식을 더 많이 들었을 것이다. 일식이 월식보다 드물게 일어난다. 일식은 달이 태양을 가리는 것이고, 월식은 지구 그림자 속으로 달이 들어가는 현상이다. 지구가 달보다 크기 때문에 월식이 일식보다 자주 발생하고 지속 시간도 길다. 또한 월식이 일어날 때는 밤이 되는 지역이면 어디서든 관측이 가능하지만 일식은 특정 지역에서만 볼 수 있다. 그렇다면 왜 일식과 월식은 매달마다 주기적으로 볼 수 없을까? 그 이유를 찾기 전에 우선 달의 모양이 변하는 이유부터 알아보자. 달은 스스로 빛을 내지 못하고 태양 빛을 받아서 빛을 낸다. 즉 달에서 태양 빛을 받아 반사된 부분이 우리가 보는 달의 모양이다. 태양 빛을 받는 면을 모두 보게 되면 보름달로 보이고, 전혀 볼 수 없게 되면 달이 보이지 않는 삭朔이 된다. 또한 태양과 달과 지구가 직각을 이루게 되면 빛을 받는 면 중 절반만 보이므로 반달인 상현달이나 하현달을 볼 수 있다. 이렇게 달은 지구 주위를 약 27.23일마다 한 번씩 공전한다. 그런데 이상한 것은 달은 같은 위치에 오는 데 약 27.23일이 걸리지만 실제로 보름달에서 다음 보름달이 되는 데 걸리는 시간은 약 29.53일이라는 점이다. 다시 보름달이 되는 게 공전보다 2.3일이 더 걸리는 셈이다. 그 이유는 달이 태양 주위를 공전하는 동안에 지구도 태양 주위를 공전하기 때문이다. 즉 달은 같은 위치에 왔지만 지구가 움직여서 상대적으로 같은 위치가 되려면 지구가 공전한 만큼 달도 더 움직여야 한다.

　달의 모양 변화처럼 일식과 월식 모두 지구와 달, 태양의 상대적 위치에 따라 일어난다. 일식과 월식의 차이는 단지 상대적 위치가 다를 뿐이다. 일식의 경우 '태양-달-지구 삭의 위치', 월식은 '태양-지구-달망의 위치'의 순이 되었을 때 일어난다. 달이 태양 빛을 가리는 현상이 일식이며, 달이 지구 그림자 속으로 들어가 태양 빛을 받을 수 없는 현상이 월식이다. 언뜻 생각하기에는 이 배열이 되면 항상 일식과 월식이 일어나야 할 것 같지만 그렇지는 않다. 이는 지구의 공전궤도면황도면과 달의 공전궤도면백도면이 나란하지 않기 때문이다.서로 5.5도 기울어진 채로 비스듬하게 돈다. 그래서 삭과 망일 때 매번 일식과 월식이 일어나지는 않는다.

태양과 달은 공교롭게도 지구에서 보면 비슷한 크기인 0.5도의 각지름을 가진 것으로 보인다. 이는 태양이 달보다 400배나 크지만 400배나 멀리 있어 생기는 현상이다. 이러한 우연의 일치로 태양이 달에 완전히 가려지는 개기일식이 일어날 수 있는 것이다. 그런데 지구와 달의 궤도 모두 타원형이다. 태양과 달, 지구 사이의 거리가 달라져 정확하게 가려지지 않을 수 있다는 것이다. 즉 달이 지구에서 원일점더 멀리 떨어진 지점에 있으면 태양을 충분히 가릴 수 없어 태양 빛이 가장자리에서 빛나면서 가락지 모양의 금환일식이 일어난다. 돋보기로 태양 빛을 모아서 종이를 태워 본 경험이 있을 것이다. 빛을 완전히 모으면 한 점의 좁은 지점이 생기는데, 이처럼 개기일식이 일어나는 곳은 지구의 좁은 지점이 된다. 개기일식이 일어날 때 주변 지역에서는 부분일식이 일어난다. 우리나라에서도 2016년에 이어 3년 만인 2019년에 부분일식을 관찰할 수 있었다. 그렇다면 개기일식은 언제 일어날까?

우리나라에서는 2035년 9월 2일 강원도 고성군 일부 지역에서 1~2분 정도 짧게 관측할 수 있을 것으로 예상한다. 그리고 다음 개

태양

지구

달

본그림자

반그림자

개기일식이 일어나는 곳

부분일식이 일어나는 곳

본그림자

반그림자

일식과 월식이 일어나는 이유

기일식은 2066년에 일어난다. 물론 그날 날씨가 흐리다면 헛일이지만. 이렇게 개기일식은 한정된 지역에서 짧은 순간만 볼 수 있으므로 비싼 비용을 들여서 개기일식이 일어나는 지역을 찾아다니는 사람들도 있다. 많은 돈을 들이지 않아도 되는 2035년의 개기일식이 벌써부터 기대되지 않는가?

✖
느낌 있는
지구과학 실험

화산 폭발 실험은 고체에 액체를 반응시켜 기체가 발생하는 현상을 이용한다. 모래로 화산 모양을 만든 후 그 속에 베이킹파우더탄산수소나트륨와 식초를 넣어 주면 이산화탄소가 발생하면서 거품이 올라오는 것이 마치 화산이 폭발하는 듯 보인다. 콜라에 멘토스를 넣어도 비슷한 효과를 얻을 수 있다. 한때 화산 폭발 실험에서 불꽃을 보려고 중크롬산 암모늄과 석유를 사용하기도 했지만 유해물질이 발생할 뿐 아니라 화상으로 다치는 경우가 많아서 지금은 하지 않는다.

빛의 화가,
모네

옛날부터 화가들은 자신들의 생각이나 사물을 그대로 나타내 주는 이른 바 '그림 같은picturesque' 작품을 그리기 위해 꾸준히 노력했다. 19세기 초에도 이러한 전통은 그대로 이어졌으며, 도미니크 앵그르와 같은 아카데미 화가들은 그림을 그리는 가장 중요한 원칙 중 하나로 여겼다. 앵그르는 형태를 정밀하게 묘사하는 데 탁월한 능력을 가진 화가였으며, 제자들에게도 즉흥성보다는 섬세하고 세밀한 그림을 그려야 한다고 가르쳤다. 그래서 아카데미 화가들은 신화 속의 등장인물을 사실적으로 묘사하는 방법을 꾸준히 연마했고, 그러한 작품만이 평단의 인정을 받고 전시회에 걸릴 기회를 얻을 수 있었다.

하지만 이러한 전통에 반기를 든 화가가 차츰 생겨나기 시작했다. 프랑스의 화가 외젠 들라크루아는 장중한 소재와 전통 형식을 버리고 〈진격하는 아랍 기병대Charge of the arab cavalry〉1832와 같이 강렬한 색채로 현실을 묘사하는 그림을 그렸다. 전통을 따르지 않았던 들라크루아를 비롯해 이후에 활동한 마네나 르누아르, 모네와 같은 화가들도 평단에서 무시당하거나 놀림당하기 일쑤였다. 전통을 따르지 않는 그들은 기성 화단의 작품 전시회에 그림을 전시할 기회조차 얻을 수 없었다.

클로드 모네, 〈인상, 해돋이Impression, Sunrise〉, 1872년, 파리 마르모탕미술관

　　이러한 평단의 냉대 속에서 모네와 그의 동료들은 살롱에서 거부당한 작품을 모아 1874년 전시회를 열었다. 모네는 전시회 카탈로그에 넣을 그림 제목을 요청받자 '해돋이'에 '인상'을 추가해 〈인상, 해돋이Impression, Sunrise〉1872라고 붙였다. 전통 화가들에게는 거친 붓놀림으로 그리다 만 듯한 모네의 작품이 성의 없고 미술의 기본도 모르는 유치한 작품처럼 보였다. 전시회에서 모네와 동료들의 작품을 감상한 잡지사 평론가가 그들의 작품을 비꼬기 위해 "대상을 그리지 않고 단지 인상만 그렸다"라고 한 것이 그들을 지칭하는 인상주의Impressionism라는 말로 그대로 굳어질 정도였다. 하지만 모네의 생각은 달랐다. 모네에게 중요한 것은 물체의 형태가 아니라 시시각각 변하는 자연의 색채였다. 그래서 모네는 자기가

본 그 순간의 빛을 그대로 재현해 내려고 거칠고 빠르게 그렸다.

후기 모네는 대상의 모습이 시간에 따라 어떻게 변하는지 보여 주기 위해 연작을 많이 그렸다. 연작은 시간이 흐르면서 달라지는 빛으로 인해 같은 대상이 어떻게 인식되는지를 나타낸 그림이다. 즉 대상의 형체보다는 빛의 변화를 담기 위한 그림이 바로 연작이다. 건초 더미나 루앙 대성당이라는 대상물은 그대로지만 다른 시간대에 사물을 바라봄으로써 모네는 색채의 변화를 담아냈다. 또한 모네의 연작은 색채 변화를 통해 시간의 흐름을 표현함으로써 시공간에 대한 화가들의 시각이 어떻게 변했는지 나타내는 작품이기도 하다. 시공간에 대한 인식 변화가 물리학에서는 상대성이론의 탄생시켰다는 것을 생각해 보면 현대미술이 인상파에서 시작되었다는 말이 결코 과한 평가가 아니라는 것을 알 수 있다.

물감은 섞을수록 명도가 떨어지는 감산 혼합, 빛은 더할수록 명도가 올라가는 가산 혼합이 일어난다. 이러한 사실을 알았던 인상주의 화가들은 물감을 섞지 않고 몇 가지 밝은 색의 물감만 사용해서 그림을 그렸다. 그래서 모네나 르누아르, 쇠라와 같은 인상파 화가의 그림은 화려한 느낌을 준다. 그렇다면 왜 물감은 섞을수록 어두워지고, 빛은 더할수록 밝아지는 것일까? 오랜 세월 동안 그림을 그리면서도 화가들이 알지 못했던 색채의 비밀은 뜻밖에도 물리학자인 뉴턴이 햇빛의 스펙트럼 분석을 통해 알아냈다. 뉴턴은 백색광을 프리즘으로 나눈 뒤 다시 그것을 합치면 원래의 백색광이 나온다는 사실을 통해 색은 물체에 있는 것이 아니라 빛에 있다는 것을 밝혀낸다. 따라서 물감을 섞으면 더 많은 영역의 빛을 흡수하기 때문에 점점 어두워진다. 그래서 인상주의 화가들은 물감을 혼합하거나 검은색과 같은 어두운 색의 사용을 기피했던 것이다.

모네의 〈파라솔을 든 여인Woman with a Parasol〉1875이나 르누아르의 〈선상 파티의 점심Luncheon of the Boating Party〉1881은 전통적 화단에서는

볼 수 없었던, 그야말로 빛이 그림을 비추고 있는 듯 화려한 그림이다. 심지어 쇠라는 수많은 작은 색채의 점이 뇌에서 인식될 때는 혼합되어 다른 색으로 보인다는 광학 지식을 이용해 부드럽고 밝은 〈그랑자트섬의 일요일 오후A Sunday Afternoon on the Island of La Grande Jatte〉1884~1886라는 걸작을 남겼다.

인상주의 화가들을 조롱했던 전통 화단도 어쩔 수 없이 변화를 수용할 수밖에 없는 사건이 생겼다. 광화학의 발달로 드디어 빛을 그대로 담아낼 수 있는 사진이 등장한 것이다. 사진의 등장은 보수적인 화단에 변화를 요구했고, 인상주의와 같은 새로운 시도가 차츰 자리를 잡아가는 데 도움을 줬다. 그리고 새로이 발명된 금속 튜브 물감과 안료 산업의 발달은 인상주의 화가들이 마음껏 야외에서 그림을 그릴 수 있도록 했다. 이처럼 오늘날 우리가 사랑하는 인상주의는 광학과 화학의 도움으로 성장할 수 있었다.

3. Movie 영화에

어벤져스에 광물이

빵빵한 사운드와 광활한 스크린으로 나를 사로잡는 영화관. 오랜만에 영화관에 와서 몰니르를 휘두르는 토르를 보니까 히어로 덕후의 본능이 깨어나는 것 같다.

어벤져스의
공기놀이

✖

광물과 암석

영화 〈어벤져스: 인피니티 워Avengers: Infinity War〉2018를
봤다. 거기 나오는 캐릭터 중에서 가장 강한 건
타노스였다. 타노스는 손가락을 한 번 튕겨서 우주에
존재하는 생명체의 절반을 쓸어버렸다. 생명체의
절반을 죽임으로써 우주의 균형을 맞추려는 타노스의
의도였다!

토르나 헐크를 비롯한 어벤져스 중 누구도 그를 막지
못했다. 타노스가 이렇게 세진 건 '인피니티 스톤'을
장착한 건틀릿을 가지고 있었기 때문이다. 인피니티
스톤이 무엇이기에 이렇게 강력한 위력을 발휘하는
것일까?

마블의 키워드 인피니티 스톤

마블 코믹스Marvel Comics는 1939년 타임리 코믹스에서 출발해 다양한 영웅을 탄생시킨 만화 제작사다. 영화 〈아이언맨Iron Man〉2008이 흥행에 성공하자 마블 소속 영웅들의 이야기는 계속 영화로 만들어졌다. 개봉하는 영화마다 성공했고, 마블의 영화는 서로 연결되어 마블 시네마틱 유니버스MCU, Marvel Cinematic Universe라는 독특한 세계관을 형성하기에 이른다. 분명 MCU는 과학뿐만 아니라 신화와 마법, 오컬트까지 뒤엉킨 마블에서 창조한 새로운 세상이다. 하지만 MCU가 현실과 완전히 분리된 세계는 아니다. 현실도 MCU와 크게 다르지 않기 때문이다.

최고의 외과 의사였다가 불의의 교통사고를 당한 닥터 스트레인지. 그가 선택한 것은 에인션트 원을 찾아가 정신을 수련하는 오컬트였다. 현대 의학보다는 민간요법이나 주술적 방법에 의존하는 사람은 닥터 스트레인지뿐만 아니라 우리 주변에서도 어렵지 않게 찾을 수 있다. 이와 같이 우리는 아이언맨의 외골격 슈트를 탄생시킨 과학기술과 토르의 신화, 닥터 스트레인지의 마법이 공존하는 세상을 살고 있는 것이다. 단지 MCU에서는 과학, 신화, 마법이 인피니티 스톤으로 조화롭게 융합되어 있지만 현실에서는 각기 다른 영역으로 존재하고 있다는 점이 다를 뿐이다.

MCU의 모든 영역을 관통하는 인피니티 스톤의 힘은 전지전능하다. 막강한 능력을 지닌 인피니티 스톤을 소유하기 위한 타노스의 집착도 어딘지 낯설지 않다. 사람들은 예로부터 신비로운 광물에 초자연적인 힘이 깃들어 있다고 믿고 끊임없는 탐욕을 부렸다. 인피니티 스톤처럼 어떤 능력이 존재한다고 믿었기에 보석이 왕의 권위나 마법사의 능력을 상징한다고 여겼다.

비전의 이마에 있는 마인드 스톤과 같은 효과를 낼 수는 없었지만 미얀마에서는 보석의 치료 효과를 맹신해 루비를 진짜로 몸속에 박아 넣기도 했다. 병을 치료해 주고, 몸을 건강하게 만들어 주는 보석은 치료 석healing stone이라고 불렀다. 사파이어와 에메랄드는 눈병, 루비는 비장과 간장병에 효험이 있다고 여겼다.

치료석에 대한 믿음은 중국과 우리나라에도 널리 퍼져 있는데 특히 인기 좋은 보석은 옥이다. 중국에서는 기원전 5,000년경부터 옥을 사용했는데, 임금이 차고 있었던 구슬이라는 의미를 가진 '구슬 옥玉'이라는 한자에서도 드러나듯이 많은 사랑을 받아 왔다. 심지어 옥은《황제내경》이나《본초강목》,《동의보감》등에서는 약재로 취급하기도 했다. 지금도 옥으로 만든 장신구나 내의, 침대 등이 인기를 끄는 것을 보면 MCU와 현실이 전혀 다르다고 말할 수 없는 것이다.

인피니티 스톤은 참으로 흥미로운 소재다. 탄생 신화인데도 과학을 적당히 버무려 그럴듯한 이야기로 꾸며 냈기 때문이다. '우주가 탄생하기 이전에 이미 6개의 특이점이 존재했고, 우주가 폭발하면서 응축되어 만들어졌다'는 인피니티 스톤의 탄생에 관한 설명은 MCU 세계관을 잘 보여 준다. 인피니티 스톤은 탄생 그 자체가 이미 우주적(?)이다. 특히 우주가 폭발하면서 응축되었다는 설정은 천체물리학 이론과 잘 맞아떨어진다. 과학자들이 밝혀낸 바에 따르면 우주는 137억 년 전 빅뱅Big Bang과 함께 탄생했고, 폭발 후 엄청난 고온이 식어 가면서 입자들이 서로 결합해 현재와 같은 모습을 갖추게 되었기 때문이다. 또한 우주가 특이점 속에 갇혀 있다가 생겨났다는 것도 옳다. 특이점은 밀도와 온도가 무한대인 지점으로 모든 물리법칙이 붕괴되는 곳이다. 우주 탄생 초기와 블랙홀 내부에서 생기는 특이점을 무한한 능력을 발휘하는 인피니티 스톤의 탄생지로 설정하는 것은 나쁘지 않은 선택이다. 다만 문제는 다른 점에 있다. 대폭발 우주론에 따르면 우주가 탄생하기 이전에 있었던 것이라면 무엇이든 간에 우주에는 아무런 영향을 줄 수 없다는 점이다. 즉 우리 우주가 빅뱅과 함께 시작되었다면 그 이전의 존재에 대해 논의하는 것은 잘못된 질문이거나 의미 없는 질문이라고 하는 것이다. 물론 양자역학을 도입하면 빅뱅 이전 우주의 모습을 상상할 수 있지만 그렇게 되면 특이점이 사라져 버린다.

보석이 특이한 조건에서 생성되듯 특이점에서 힘들게 탄생한 인피니티 스톤은 마음Mind, 영혼Soul, 시간Time, 공간Space, 현실Reality, 힘Power의 6개다. 마음과 영혼을 관장하는 마인드 스톤과 소울 스톤은 물질과 상관없으니 2개의 스톤을 제외하면 세상을 좌우하는 것은 4개의 스톤이다. 마찬가지로 물리적 실체에 영향을 주는 힘의 종류도 네 가지다. 바로 중력, 전자기력, 약력, 강력이다. 이 네 가지 힘이 우리 우주의 모습을 지금같이 만들었다. 만일 인피니티 스톤이 이 힘을 제어할 수 있는 능력을 가졌다면 물체를 분해하거나 바꾸고 이동시키는 것도 가능할 것이다. 하지만 네 가지 종류의 힘만 있어서는 우주가 구성되지 않는다. 힘을 주고받을 물질이 있어야 하는데, 물질을 구성하는 입자는 **쿼크와 렙톤**이다. 이렇게 하면 과학으로 만든 인피니티 스톤 6개가 완성된다. 그리고 이 인피니티 스톤의 이름은 **표준 모형**에 따르면 그라비톤Graviton, 글루온Gluon, 포톤photon, 보손Boson, 쿼크quark, 렙톤Lepton 그리고 다크 디멘션의

쿼크. 렙톤: 물질을 구성하는 기본 입자가 쿼크와 렙톤이다. 원자핵을 구성하는 중성자와 양성자는 각각 3개의 쿼크가 모여서 된 입자다. 전자는 렙톤의 일종이다. 쿼크와 렙톤은 각각 여섯 종류가 있다.

표준 모형: 표준 모형에서는 물질을 구성하는 입자와 입자 사이에서 힘을 매개하는 입자로 크게 나누고 종류는 열여덟 가지다. 그중 중력자만 아직 발견되지 않았다.

역할을 하는 안티 매터반물질, Anti Matter다. 이렇게 붙여 놓고 나니 개인적으로는 이 이름도 나쁘지 않지만 역시 마블 팬들은 원래 이름을 좋아할 것 같다.

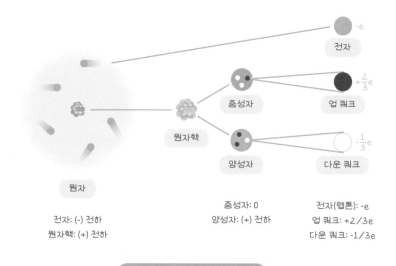

-e
전자

+$\frac{2}{3}$e
업 쿼크

중성자

원자핵

-$\frac{1}{3}$e
다운 쿼크

양성자

원자

중성자: 0
양성자: (+) 전하

전자(렙톤): -e
업 쿼크: +2/3e
다운 쿼크: -1/3e

전자: (-) 전하
원자핵: (+) 전하

물질을 구성하는 기본 입자

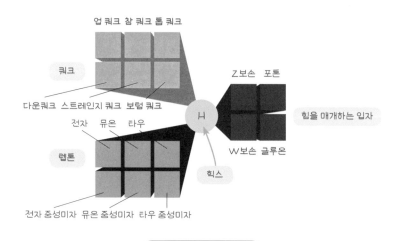

업 쿼크 참 쿼크 톱 쿼크

쿼크

다운쿼크 스트레인지 쿼크 보텀 쿼크

Z 보손 포톤

힘을 매개하는 입자

전자 뮤온 타우

렙톤

W 보손 글루온

힉스

전자 중성미자 뮤온 중성미자 타우 중성미자

표준 모형의 기본 입자

토르는
천둥의 신

✖

천둥과 번개

망치를 휘두르고 하늘을 날아다니는 천둥의 신 토르.

토르는 북유럽 신화에 등장하는 신의 이름이다.

영화 〈토르: 천둥의 신Thor〉 2011도 신화에서 모티브를

따오긴 했지만 영화 속 토르는 더 이상 북유럽 신화의

신이 아니다. 외계 행성 아스가르드의 외계인이다.

신의 정체가 외계인이라니? 웃기다는 생각도 잠시.

멋진 외모의 외계인 토르가 등장해 하늘이 선사한

엄청난 힘을 자랑한다.

그렇다면 멋진 토르를 '천둥의 신'이라고 불리게 하는

천둥에는 어떤 위력이 있는지 한번 알아보자.

천둥의 신을 탄생시킨 무시무시한 번개

토르의 상징은 그가 휘두르는 묠니르. 묠니르는 '천둥의 신'이 될 자격이 있는 자만이 사용할 수 있는 망치다. 불같이 타오르는 열정과 성급한 성격을 지닌 토르는 동생 로키의 꼬임에 넘어간다. 아버지 오딘의 경고를 무시하고 다른 행성의 외계인들과 전쟁을 벌인 것이다. 서로의 피해를 줄이기 위해 전쟁 중단을 약속했던 오딘은 단단히 화가 나서 토르의 능력을 빼앗고 지구로 추방해 버린다. 신의 능력을 잃어버린 토르는 지구에서 덩치 크고 힘 꽤나 쓰는 평범한(?) 인간일 뿐이다. 우여곡절 끝에 다시 묠니르를 사용할 수 있게 된 토르는 자신이 진정한 천둥의 신임을 증명한다.

이처럼 영화 속에서는 묠니르를 가진 자가 천둥의 신이다. 묠니르는 천둥의 신이라는 자격 증명서인 셈이다. 이는 묠니르가 대장간에서 사용하는 평범한 망치가 아니라 번개를 부를 수 있는 능력을 지니고 있기 때문이다. 단지 번개를 부를 수 있는 능력이 전부라면 우리도 천둥의 신이 될 수 있다. 플라스틱 뿅망치를 털가죽에 열심히 문지른 후 물체 가까이 가져가면 빠직하고 번개가 생겨나기 때문이다. 자연의 번개에 비하지 못할 만큼 작은 불꽃일 뿐이지만 번개도 전기현상이라는 물리적 관점에서 본다면 두 현상은 같다. 묠니르에 의해 만들어지는 전기에너지가 훨씬 크다는 것이 다를 뿐이다. 마찰전기 불꽃은 따끔하고 불쾌함을 줄 뿐이지만 번개는 다르다.

옛날 사람들은 먹구름이 몰려오고 번개가 내려치면 두려울 수밖에 없었다. 고대에는 번개를 신의 징벌이나 무기로 여겼기에 하늘에서 내리꽂히는 번개는 공포의 대상이었다. 지금도 그렇지만 과거에도 실제로 번개에 맞는 경우는 매우 드물었다. 하지만 번개의 생성 원인을 몰랐던 고대에는 번개를 보는 것만으로도 신의 노여움이라 생각하기에 충분했다.

우리가 번개의 정체를 알고 이를 막을 수 있는 것은 미국의 과학자이자 정치가였던 벤자민 프랭클린 덕분이다. 그는 번개가 치는 날 연날리기 실험을 통해 번개가 전기현상임을 증명하고, **피뢰침**을 발명했다. 사실 피뢰침이라고

> 피뢰침: 벼락으로부터 건물을 보호하기 위해 건물 꼭대기에 설치한 금속으로 만든 구조물. 번개를 땅으로 흘려보내는 역할을 한다.

부르지만 피뢰침은 번개를 피한다는 뜻의 피뢰避雷와는 거리가 멀다. 오히려 번개를 끌어당긴다. 그럼에도 피뢰침이라 부르는 것은 피뢰침이 번개를 끌어당겨 맞음으로써 주변 건물을 번개로부터 보호해 주기 때문이다. 만일 토르가 번개를 쏜다면 피뢰침으로 간단히 막을 수 있다는 것이다. 번개는 대기 중에서 일어나는 방전 현상이므로 전기의 성질을 안다면 충분히 막을 수 있다.

피뢰침은 단순히 다른 곳에 떨어질 번개를 끌어당겨 자신 쪽으로 유도하는 것밖에 없지만 패러데이 새장Faraday cage은 번개가 치더라도 그 속에 있는 사람이나 물건은 안전하게 보호하는 역할을 한다. 패러데이 새장은 새장처럼 생긴 도체 상자를 말한다. 도체로

둘러싸인 상자에 번개가 치면 번개에 의한 전류는 상자 표면으로 흐를 뿐 내부로는 흐르지 않는다. 이는 전자들끼리 미는 힘이 작용해 서로 최대한 멀리 떨어지려고 하는 성질 때문에 나타나는 현상이다. 따라서 번개를 맞아도 패러데이 새장 또는 도체로 둘러싸인 자동차 안에 있으면 피해를 입지 않는다.

하지만 일상생활을 하다 보면 야외에서 노출된 상황에 놓일 때가 많다. 산이나 암벽, 들판이나 골프장처럼 노출된 곳에서 낙뢰에 맞는 일이 종종 발생한다. 번개에 의한 사망자를 정확하게 알긴 어렵지만 매년 1,000명 이상일 것으로 추정한다. 이 외에도 번개에 의한 산불이나 부상자 등을 고려해 보면 훨씬 더 많은 사람이 위험에 노출되어 있다는 것을 알 수 있다. 번개의 위력은 엄청나지만 간혹 운 좋게도 번개에 맞고도 살아남는 사람들도 있다. 번개에 의한 전류가 심장으로 흐르지 않아 심정지가 오지 않았기 때문이다. 물론 그렇다고 아무런 이상이 없는 것은 아니다. 피부 표면에는 프랙털 무늬처럼 생긴 리히텐베르크 무늬Lichtenberg's figure가 나타난다. 리히텐베르크 무늬는 번개가 물체의 표면을 흘러가면서 남긴 흔적으로 마치 나무줄기 같은 모양으로 나타난다. 따라서 토르의 번개에 맞으면 이러한 흔적이 남는 것만큼은 피할 수 없을 것이다.

마른하늘에 날벼락?

속담 중에 '마른하늘에 날벼락'이라는 말이 있다. 전혀 생각지도 못한 상황에서 낭패를 보거나 사고를 당했을 때 하는 말이다. 즉 마른하늘에는 번개가 잘 치지 않는데, 그런 날에 번개를 맞았다는 것은 그만큼 재수가 없다는 뜻이다. 그렇다면 왜 마른하늘에는 번개가 잘 치지 않는 것일까? 그 이유를 알기 위해서는 번개가 어떤 날 잘 생기는지 알 필요가 있다.

지구상에는 매초 100번 이상 번개가 치고 있다. 지금 자신이 있는 지역이 맑다 해도 다른 지역에는 번개가 치고 있다는 거다. 1,000개 이상의 먹구름이 계속 생기고 그곳에서는 끊임없이 번개가 생성된다. 우리나라에서는 여름철에 번개를 자주 볼 수 있지만 그 외의 계절은 천둥 번개가 그리 흔하지 않다. 전 세계적으로도 번개를 자주 볼 수 있는 지역은 정해져 있다. 그중에 하나는 인터넷상에서 화려한 번개 사진으로 유명한 베네수엘라와 콜롬비아에 있는 카타툼보강이다. 이 지역에는 카타툼보 번개Relámpago del Catatumbo라는 별칭이 붙을 만큼 번개가 자주 친다. 시간당 수백 번 내려치는 번개는 영화 속 토르의 번개를 보는 듯하다. 그런데 사진을 자세히 보면 이곳에서도 번개가 칠 때는 한결같이 먹구름을 볼 수 있다. 역시 마른하늘에는 번개가 치지 않는다. 먹구름과 번개는 밀접한 관계가 있다. 번개가 만들어지려면 대기의 활발한 움직임 있어야 하기 때문이다.

번개가 치는 먹구름을 뇌우 Thunderstorm 라고 한다. 뇌우는 강한 비와 번개를 동시에 지닌 기상 현상을 말한다. 뇌우가 만들어지려면 강한 상승기류가 필요하다. 상승기류는 지표면이 뜨거워져서 공기가 위로 올라갈 때 생긴다. 그래서 뇌우는 오전보다는 지표면이 가열되어 상승기류가 형성되는 오후에 더 많이 발생한다. 가열된 공기는 주변의 공기보다 밀도가 낮아져 부력으로 상승하게 된다. 지표면의 공기가 상승해 저기압이 만들어져 주변으로부터 공기가 유입되면서 돌풍이 불기도 한다. 또한 상승한 공기는 단열팽창주변과 열을 주고받지 않고 부피가 증가하는 현상 때문에 구름 내 수증기는 물방울이나 얼음 조각으로 응결되기 시작한다. 상승하면서 점점 크기가 증가한 물방울이나 얼음 조각은 중력에 의해 낙하하기 시작한다. 이렇게 뇌우에서는 소나기나 우박이 내리는 일이 흔하다.

뇌우의 번개는 공기가 상승할 때 만들어진 얼음 알갱이 사이의 마찰 때문에 생기는 것으로 과학자들은 짐작한다. 아직까지도 뇌우에서 번개가 만들어지는 정확한 원리를 밝혀내지는 못했지만 얼음 알갱이가 부딪히면서 전하를 띠게 되어 구름이 대전되는 것으로 추정하고 있다. 즉 강한 상승기류가 생기면 마찰 때문에 번개가 생긴다. 번개는 마찰전기 현상의 일종인 셈이다. 우리가 겨울철에 니트 옷을 벗을 때 정전기가 발생하듯 대기 중에서도 마찰전기가 쌓여 번개가 친다. 단지 그 크기에서 엄청난 차이가 있을 뿐 원리는 같다는 것이다. 거대한 뇌우의 아래쪽에는 (−)전기로 대전되고 구름의 윗부분은 (+)전기로 대전된다. 따라서 구름 내부에서도 번개가 친다. 오히려 상대적으로 거리가 먼 지상보다 구름 내부 또는 구름 사이에서 발생하는 번개가 더 많다. 가까운 구름끼리 서로 다른 전기를 띠고 있어서 전하가 이동하면서 번개가 발생한다. 지상으로 떨어지는 낙뢰는 구름에 의해 지표면에 정전기 유도 현상이 일어나기 때문에 생긴다. 구름의 아랫부분은 (−)전기를 띠기 때문에 지면의 (−)전기 즉 전자들이 구름으로부터 멀리 달아난다. 따라서 구름과 가까운 지표면에서는 (+)전기가 더 많이 남아 있어서 구름과 지표면 사이에 전기적으로 서로 끌어당기는 힘이 작용한다. 정전기적인 힘에 의해 공기를 뚫고 전하들이 이동하는 현상이 바로 번개다.

번개의 위력은 대단하다. 번개가 칠 때 번개가 지나가는 길에 있는 공기의 온도는 3만 도태양 표면의 온도보다 거의 5배나 뜨겁다!까지 올라간다. 고온 때문에 급격하게 팽창한 공기가 주변에 진동을 만들어 내는 것이 바로 천둥이다. 천둥소리는 공기의 진동이므로 음속초속 340미터으로 전달된다. 따라서 번개를 보고 난 후 시간을 측정하면 번개까지의 거리를 대략 짐작할 수 있다. 만일 번개를 본 후 3초 이내에 천둥소리가 들렸다면 빨리 건물이나 차 안으로 들어가 대피해야 한다. 3초 이내라면 번개 친 지역이 1킬로미터 정도밖에 떨어져 있지 않으므로 언제든 번개를 맞을 수 있기 때문이다.

대륙을 이동시킨
도토리

✖

대륙이동설

⟨아이스 에이지: 대륙이동설Ice Age: Continental Drift⟩2012에 등장하는 동물들은 저마다 개성이 넘친다. 특히 도토리 하나 먹겠다고 온갖 고난을 마다하지 않는 집념의 다람쥐, 스크랫은 웃음을 자아내지만 비장함이 느껴진다.

그런데 스크랫이 이번엔 대형 사고를 친다. 도토리 때문에 하나였던 대륙을 갈라놓았기 때문이다. 도토리를 먹으려다가 지구의 내핵을 건드리게 되고 이 때문에 지각변동이 일어나 대륙이 갈라진 것이다. 다람쥐 한 마리 때문에 그 넓은 땅이 갈라졌다니! 믿을 수 없겠지만, 사실 지금 곳곳에 떨어져 있는 세계의 모든 대륙은 원래 한 덩어리였다.

어벤져스에 광물이

대륙이 움직인다는 황당한 생각?

대륙이 갈라졌다니 참 황당하다고 느끼겠지만 1912년에 지질학자들도 비슷한 경험을 했다. 지질학계에서는 이름도 들어 보지 못한 한 기상학자가 대륙이 원래 하나였다는 이야기를 꺼낸 것이다. 지질학자도 아닌 기상학자가 땅이 움직인다고 했으니 비웃음을 사는 것이 당연했는지도 모른다. 하지만 그러한 동료들의 평가에 굴하지 않고 자신의 주장을 꿋꿋하게 밀고 나간 이가 바로 독일의 기상학자이자 지구물리학자인 알프레트 베게너였다.

베게너는 세계지도를 보다가 어쩌면 세계의 대륙이 원래는 하나였을지도 모른다는 것을 깨달았다. 베게너가 그런 생각을 한 이유는 남아메리카와 아프리카의 해안선이 마치 퍼즐 조각처럼 대륙을 하나로 모아 맞출 수 있을 것처럼 생겼기 때문이다. 세계지도가 등장하면서 다른 사람들도 그런 생각을 했지만 모두 우연의 일치라고 여겼다. 대륙이 움직인다는 황당한 생각을 누가 쉽게 할 수 있겠는가? 하지만 베게너는 원래 대륙은 판게아Pangaea라는 하나의 초대륙에서 갈라져 나왔다고 믿고 자신의 주장을 뒷받침할 증거를 찾았다. 과학적 주장에는 증거가 필요한 법이다.

첫째, 아프리카와 남아메리카 해안선이 비슷할 뿐만 아니라 두 대륙에서 발견되는 화석의 종류가 같다. 이건 베게너 이전에도 이미 알려진 것이었지만 당시 지질학자들은 같은 화석이 발견된 것을 다른 방식으로 이해하고 있었다. 지금은 바닷속으로 들어간 육지를 통해 두 대륙이 연결되어 있었다는 육교설을 믿었던 것이다. 하지만 베게너는 대륙과 해양은 서로 다르며 맨틀 위에 떠 있는 지각이 이동했다는 대륙이동설을 주장했다.

둘째, 빙하의 이동 흔적이나 지층을 조사해 보면 멀리 떨어진 대륙의 기록이 정확하게 일치한다. 이것은 대륙이 원래 하나였다가 분리되어 이동한 게 아니라면 설명하기 어려웠다. 또한 대륙이동설을 도입하면 히말라야산맥과 같은 대산맥들의 형성을 설명하기도 좋았다. 마치 카펫을 밀면 휘어져 올라오는 것처럼 대륙이 이동해 충돌하면서 산맥이 형성되었다고 본다면 어렵지 않게 설명할 수 있기 때문이다. 히말라야 산꼭대기에서 조개 화석이 발견되는 이유를 과거에는 바닷속 지층이었지만 충돌로 인해 밀려 올라간 것이라고 한다면 얼마나 간결하고 이해하기 쉬운 설명인가?

베게너의 탁월한 식견에도 대륙이동설을 지질학계가 받아들이지 않자 베게너는 더 많은 증거를 찾기 위해 그린란드Greenland로 탐험을 떠났다. 하지만 안타깝게도 탐험 중 1930년에 실종된 베게너는 다음해 얼음 속에서 숨진 채 발견되었다. 여러 가지 증거들은 대륙이동설이 옳다고 가리키고 있었지만 베게너의 주장에는 결정적인 문제가 있었다. 대륙 이동의 원동력이 무엇인지 설명하지 못했던 것이다. 하지만 실망하기는 아직 이르다. 1960년대가 되어 해저확장설이 등장하면서 대륙이동설은 화려하게 부활한다.

대륙이동설의 부활과 판구조론의 등장

해저확장설은 말 그대로 바다 밑바닥인 해저가 넓어진다는 거다. 바다는 그대로인데 넓어진다는 것이 뭔 뚱딴지같은 소리냐고 할지 모르지만 바다는 지금도 넓어진다. 물론 넓어지는 곳이 있으면 사라지는 곳도 있다. 그렇기에 해저의 넓이는 일정하게 유지되는 것이다. **중앙해령**이라는 곳에서 지금도 계속 새로운 해양지각이 생성된다. 생성된 해양지각은 밀리고 밀려서 대륙지각과 충돌한 후에 침강해 해구를 만든다. **해구**는 해양지각이 소멸되는 곳이다.

> 중앙해령: 대양의 중심부에 있는 해저 산맥. 대양저 산맥이라고도 한다. 판과 판이 멀어지는 발산형 경계에 해당한다.
>
> 해구: 대륙판과 해양판이 충돌해 생긴 깊은 골짜기. 수렴형 경계에 해당한다.

2차 세계대전이 끝나고 해저 탐색 기술의 발달로 지질학자들은 육지뿐 아니라 해저지형까지 탐사할 수 있게 되었다. 해저지형을 탐사한 지질학자들은 이상한 사실을 발견했다. 지구에 바다가 생겨난 역사는 30억 년에 이르지만 해양지각은 아무리 오래되어도 2억 년을 넘지 않는 것. 변동이 심한 육지의 땅은 나이가 많은데 오히려 잘 보존되었을 것 같은 해양지각의 나이가 훨씬 적었던 것이다. 1950년대 지질학자들은 대륙지각의 나이가 다양하고 많은 것에 비해 해양지각의 나이가 이렇게 젊다는 것을 도저히 이해할 수 없었다. 그러던 중 1960년대 초 미국의 디츠와 헤스는 중앙해령에서 새로운 해양지각이 생성되어 양쪽으로 밀려가면서 해양지각이 형성된다는 해저확장설을 주장했다. 해양지각은 대륙지각과 달리 새로 생겨나고 해구에서 소멸한다는 것이다. 해저확장설에 따르면 오래된 해양지각이 없는 이유도 간단하다. 또한 중앙해령 부근에서 대륙으로 갈수록 해양지각이 오래되었다는 것도 쉽게 설명할 수 있다. 지구에서 가장 고요한, 빛도 들지 않는 심해저가 사실은 육지보다 젊은 곳이라는 것은 참으로 아이러니하다.

또 다른 대륙 이동의 증거로는 고지자기가 있다. 해저의 고지자기를 조사하면 해령을 기준으로 정확하게 대칭적 분포를 보인다. 고지자기는 과거 생물의 흔적이 화석으로 남는 것처럼 암석에 남아 있는 과거의 잔류자기를 말한다. 용암이 분출되어 굳으면 그 당시 지구의 자기장 방향이 암석에 고스란히 남게 되는데 이를 잔류자기라 한다. 용암처럼 광물이 움직일 수 있을 때는 나침반 바늘처럼 광물이 지구의 자기장에 맞춰서 움직인다. 하지만 딱딱하게 굳어 버리면 그 모양 그대로 남아서 마치 나침반의 스냅 사진처럼 기록을 고스란히 간직하게 된다. 암석 속에 남아 있는 이 흔적을 조사하면 당시의 지구 자기장에 대해 알 수 있다. 잔류자기를 조사해 보면 지구의 자기장은 지금과 달리 계속 변화했다는 것을 알 수 있다. 해저의 잔류자기는 띠 모양으로 나타난다. 해령에서 솟아나온 마그마가 식고 난 후 해저 지각이 이동하면 마치 순서대로 이동하는 컨베이어 벨트처럼 일정한 띠 모양의 분포가 나타나는 것이다.

해저확장설은 베게너의 대륙이동설을 다시 부활시켰다. 대륙이 이동하는 원동력이 맨틀 대류라는 것을 밝혀냈기 때문이다. 오늘날에는 지구가 십여 개의 크고 작은 판plate으로 구성되어 있다는 판구조론이 받아들여지고 있다. 지각과 맨틀의 상층으로 구성된 판들이 맨틀의 대류로 이동하게 된다는 것이다. 라면을 끓이면 건더기들이 물이 끓는 흐름에 따라서 움직이는 것처럼 말이다. 물론 그렇게 활발하게 움직이는 것은 아니며 판에 따라서 1년에 수 센티미터 정도로 매우 천천히 움직인다. 그게 뭐가 움직이는 거냐고 할지 모르지만 그런 시각은 인간의 기준이다. 지질학적 시간으로 본다면 결코 느린 것이 아니며 지구의 모양을 다양하게 바꾸고도 남을 시간이다. 가장 인상적인 것은 인도판으로 약 7,000만 년 동안 7,000킬로미터나 이동해서 히말라야산맥과 데칸고원을 만들었다. 세계의 지붕은 이렇게 판과 판의 충돌로 만들어진 것이다. 이것을 조산운동이라고 하며 세계의 대산맥들은 조산운동으로 생겨났다.

지구의 거대한 산맥과 화산 지대가 어떻게 형성되는지 알려 주는 판구조론. 하지만 이 놀라운 이론의 출발은 대륙이동설을 주장하며 자신의 이론을 뒷받침할 증거를 찾다 숨진 비운의 과학자 베게너의 아이디어에서 시작되었다.

판구조론의 판(plate)

액체 괴물 자석으로 지자기를 느껴 볼 수 있는 실험이다. 우선 액체 풀에 고운 철 가루를 넣고 잘 반죽한다. 철 가루가 골고루 잘 섞인 후에 자석을 가까이 가져가 보라. 네오디뮴 자석처럼 자기장이 센 자석으로 하면 더 흥미로운 모습을 볼 수 있다. 액체 풀이 마치 살아 있는 액체 괴물처럼 자석을 향해 솟아오르는 모습을 볼 수 있을 것이다. 이는 철이 외부 자기장에 의해 자성을 띠는 성질을 지니고 있기 때문이다.

하와이를 만든
괴물

✖

화산과 마그마

세상에는 수많은 섬이 있다. 휴양지로 유명한 섬,
인공적으로 만들어 낸 섬도 있고 무인도도 있다.
아름다운 섬은 풍요로운 자연, 따뜻한 날씨가 더해지면
지상낙원 같은 느낌이 든다. 언제든지 맑은 바다로
뛰어들 수 있는 섬에 산다면 즐겁지 않을까?
섬이 많은 폴리네시아 지역에는 화산과 관련된
여러 전설이 전해진다. 이런 전설을 바탕으로 영화
〈모아나Moana〉2016가 만들어졌다. 주인공 모아나는
모투누이섬을 저주로부터 구하려고 모험을 떠난다.
영화를 보면 아름다운 섬과 바다의 풍경을 맘껏
즐길 수 있다. 이처럼 아름다운 섬은 언제, 어떻게
생겼을까?

모아나의 할머니는 조상 대대로 전해 오는 전설을 어린 모아나에게 들려준다. 전설의 내용은 이렇다. 태초에 만물과 생명을 창조한 여신 테 피티Te Fiti가 깊은 잠에 빠져들자 바다의 신 마우이는 테 피티의 심장을 훔친다. 심장을 빼앗긴 테 피티는 잠에서 깨어나 용암 괴물 테 카가 되어 마우이를 섬에 가둬 버린다.

모투누이섬은 평화롭고 살기 좋은 곳이었다. 모아나는 아버지의 대를 이어 추장의 역할을 해야 하지만 부족의 금기를 깨고 먼 바다로 나갈 궁리만 한다. 하지만 섬에도 위기가 닥치고 그것을 해결하기 위해서는 테 피티의 심장을 돌려 주는 길밖에 없다는 것을 깨달은 모아나와 마우이는 함께 모험을 떠난다.

영화 〈모아나〉도 하와이에 전해지는 전설을 바탕으로 한다. 하와이 전설에 따르면 화산은 언니인 나마카오카하이에게 쫓겨 다니던 펠레 여신의 대피소다. 언니와 싸우던 펠레 여신은 타이티에서 하와이섬으로 도망을 다닌다. 화산이 폭발하는 것은 펠레 여신이 화가 나서 용암이나 돌을 화산 밖으로 던져서 생기는 것이라고 한다. 그래서 하와이에서는 킬라우에아 화산에서 펠레 여신을 섬기는 제사를 지내는 풍속이 있다. 흥미로운 것은 전설에서 펠레 여신이 북서쪽에서 남동쪽 섬으로 이동하면서 도망친 것으로 나오는데, 이는 실제로 섬의 생성 시기와도 일치한다는 사실이다. 즉 하와이 군도의 섬들은 동시에 생성된 것이 아니라 북서쪽에 있는 섬들이 먼저 생긴 후 해저가 확장됨에 따라 이동한 것이다.

폴리네시아 지역만의 아름다움을 맛볼 수 있는 이 애니메이션은 화산을 파괴적 이미지로만 그리지 않고 그곳에 살고 있는 사람들에게는 생명의 원천이라는 것을 보여 준다. 즉 테 피티가 돌과 용암으로 이뤄진 테 카인 동시에 창조의 신인 테 피티라는 것이 바로 그러한 세계관을 잘 보여 준다. 이는 단지 폴리네시아 지역의 세계관에서 그치는 것이 아니다. 실제로 화산은 파괴의 상징이기도 하지만 그 지역에 사는 사람들에게는 삶의 터전이다.

화산 지대의 땅은 비옥하다. 화산 폭발로 형성된 토양은 무기 양분이 풍부해 농사가 잘 된다. 또한 영화 〈폼페이: 최후의 날Pompeii〉 2014의 배경인 베수비오 화산 주변은 비옥한 토양과 온천, 아름다운 경관까지 어우러진 고대 로마의 휴양지였다. 천국 같은 폴리네시아 지역뿐 아니라 지금도 화산 지대에 많은 사람이 거주하는 데에는 이유가 있다. 화산 폭발의 위험이 있다 하더라도 화산이 주는 이익을 무시할 수 없다는 것을 보여 준다.

평생 한 번 보기도 힘든 화산 폭발을 두려워하는 것보다 화산과 함께하는 삶을 택한 이들은 의외로 많다. 하와이를 비롯해 이탈리아 남부, 일본, 필리핀, 인도네시아에 이르기까지 화산 폭발은 인류에게 공포의 대상이자 삶의 터전이 되어 왔다. 베수비오 화산은 폼페이, 테라 화산 폭발은 크레타 문명을 궤멸 수준에 이를 정도로 망가트렸다. 하지만 사람들은 화산의 위력에 굴하지 않고 다시

금 이 지역을 아름답게 가꿔 많은 사람이 찾는 관광지로 재탄생시켰다.

화산은 인류의 호기심을 자극하는 가장 극적인 지질학적 현상으로 이를 주요 관광자원으로 삼는 곳이 많다. 하지만 우려의 목소리도 많다. 서기 79년 베수비오 화산의 경우를 보면 사전에 특별한 징후를 감지할 수 없었고 이것이 대형 참사로 이어졌다. 역사를 되돌아보면 이러한 참사가 드물지 않게 있었다. 이 사건들이 남긴 교훈을 되새겨야 한다는 의견도 있다. 물론 지질학적 지식이나 감지 기술이 과거에 비하면 지금은 괄목상대할 만큼 발전한 것도 사실이다. 하지만 화산 앞에서는 겸손해야 한다. 아무리 화산이 폭발하는 과정에 대한 연구와 관측 기술이 향상되었다고 하더라도 폭발을 정확하게 예측한다는 것은 쉬운 일이 아니다. 특히 감시 대상인 화산을 끊임없이 면밀하게 조사해야 한다. 심지어 화산을 조사하던 화산학자조차 목숨을 잃는 경우가 있다.

화산은 항상 위험한 곳이다. 지금은 항상 화산을 감시하고 있지만 화산 관광을 하던 관광객이 사고로 다치거나 사망하는 일이 끊이지 않고 발생하는 것만 봐도 이를 알 수 있다. 2019년 12월 9일 일어난 뉴질랜드의 화이트섬 화산 분화로 열여섯 명이 사망하고 두 명이 실종되었다. 분화의 징조를 감지하기 어려웠던 이유는 마그마가 분출한 것이 아닌 지하수 가열로 인한 수증기 폭발이었기 때문이다. 또 오랜 세월 동안 잠잠한 화산이라고 해서 폭발 가능성이 낮다고 보기도 어렵다. 1991년에 폭발한 필리핀의 피나투보 화산은 거의 600년 동안 잠잠했다. 갑자기 일어난 폭발에 400명 이상의 사상자가 발생했고 40만 명이나 되는 사람이 집을 잃고 이재민이 되어야 했다.

마그마 속에 생명이?

화산은 인류의 삶과 일찍부터 연관을 맺어 왔다. 화산 폭발로 땅속에 용암이 솟구쳐 새로운 땅이 만들어지는 광경은 끊임없이 인간의 상상력을 자극했다. 그리스 신화에도 화산이 중요한 장소로 나온다. 올림포스에서 제우스의 무기를 만든 헤파이스토스로마신화의 불카누스의 대장간이 있는 곳이 화산이다. 옛날부터 사람들에게 화산은 새로운 것을 탄생시키는 곳으로 인식된 것이다. 그렇다면 화산은 어떻게 만들어지는 것일까?

화산이 폭발할 때는 마그마가 분출된다. 화산에 대해 알기 위해서는 먼저 마그마가 어떻게 생성되는지 알아야 한다. 마그마는 고체인 지각이 열과 압력으로 녹아서 액체 상태의 암석이 된 것이다. 지하에서 마그마가 생성되기 위해서는 온도가 높아지거나 압력이 내려가야 한다. 그러한 조건이 형성되는 곳은 해양지각이 대륙지각 아래로 내려가는 베니오프대의 하부나 방사성원소가 모여 있는 곳, 맨틀 대류가 일어나는 중앙해령이나 온도가 높은 열점 등이다. 해양지각과 대륙지각이 충돌하면 밀도가 높은 해양지각이 대륙지각 아래로 밀려 들어간다. 이때 해양지각과 대륙지각이 충돌하는 지점을 베니오프대라고 하며, 그 아래쪽에 두 지각의 마찰로 인한 열로 마그마가 만들어진다.

형성된 마그마는 주변보다 밀도가 낮아서 지각의 약한 틈을 따라 지표면으로 올라오게 된다. 약한 틈을 뚫고 올라온 마그마는 지표면을 뚫고 분출해 화산활동을 일으키기도 하지만 지하에서 식어서 그대로 굳기도 한다. 지표면을 뚫고 화산활동을 일으켜 분출된 마그마를 용암lava이라고 한다. 마그마나 용암이나 다 같은 말 아니냐고 할지 모르지만 다르다. 마그마에는 수증기나 이산화탄소, 황과 같은 휘발가스가 되기 쉬운 성분이 들어 있다. 휘발 성분은 화산 폭발을 통해 대기 중으로 방출되고, 화산재가 빠져나간다. 이후 남는 것이 용암이다. 휘발 성분 중 가장 많은 것은 수증기다. 마그마가 지표면을 뚫고 나온다고 해서 항상 폭발 형태로 분출되는 것은 아니다. 마그마는 성질에 따라 크게 현무암질·안산암질·유문암질마그마로 구분한다. 제주도에서 흔히 볼 수 있는 현무암은 어두운 암석으로 구멍이 뚫려 있는 특징이 있다. 이는 점성도가 낮은 현무암질 마그마에서 휘발 성분이 쉽게 빠져나가면서 생긴다. 점성도가 낮은 것은 화산의 모양에도 영향을 준다. 제주도나 하와이는 현무암질마그마에 의해 형성되어 화산의 경사가 완만하다. 이렇게 경사가 완만한 화산은 방패를 엎어 놓은 모양과 같다고 순상화산楯狀火山이라고 부른다. 북한에 있는 개마고원이나 인도의 데칸고원은 현무암질 마그마가 넓게 퍼져 생성된 지형이다. 이와 달리 제주도의 산방산과 미국의 세인트헬렌스산은 점성도가 높은 안산암질마그마로 된 화산이다. 점성도가 높으면 용암이 흘러가는 데 시간이 많이 걸리고 결국 화산의 경사가 급해진다. 이런 화산은 종 모양을 닮아서 종상화산鐘狀火山이라고 부른다. 또한 일본의 후지산은 여러 번의 폭발로 생긴 화산인데 이를 성층화산成層火山이라고 부른다.

쥘 베른이 1864년에 쓴 환상적인 SF인《지구 속 여행》에서는 지구 속으로 들어가 화산을 통해 밖으로 나오는 이야기가 나온다. 하지만 화산이 소설의 소재가 된 것은 얼마 되지 않았고, 고대로부터 중세에 이르기까지 화산은 두려움이나 경외의 대상일 뿐이었다. 지구 내부에 대한 이해와 화산을 조사하는 것에 대한 어려움으로 화산을 과학적으로 이해하는 일이 쉽지 않았던 탓이다. 화산을 보는 관점이 바뀐 것은 과학 연구가 시작되면서부터다. 그리고 많은 과학자들의 희생과 노력 덕분에 이제는 화산 폭발에 대비할 수 있는 능력을 갖추었다. 하지만 여전히 갑작스런 화산 폭발은 인류에게 많은 피해를 줄 수 있다는 것을 명심하고 대비를 소홀히 하지 말아야 한다.

〈절규〉를 탄생시킨
핏빛 저녁놀

비명 소리가 그림 밖으로 퍼져 나올 만큼 사람의 표정 묘사가 압권인 그림이 있다. 바로 노르웨이의 표현주의 화가 에드바르트 뭉크의 대표작 〈절규 The Scream〉1893다. 일그러진 사람 얼굴과 함께 핏빛으로 소용돌이치는 저녁놀이 묘한 조화를 이루고 있다. 뭉크는 내면에 담긴 고뇌를 표현하려고 이런 저녁놀을 그렸겠지만 공교롭게도 이 저녁놀에는 수많은 사람의 절망과 공포가 담겨 있다. 뭉크의 〈절규〉 외에도 당시 화가들의 그림에 종종 등장한 이 저녁놀 속에는 어떤 비밀이 숨어 있을까?

뭉크가 그린 노을은 보통의 노을보다 훨씬 붉은 핏빛을 띤다. 화가들이 상상력을 발휘해 배경을 그려 넣는 것은 흔한 일이다. 따라서 뭉크가 상상력을 발휘했다고 생각할 수도 있다. 하지만 뭉크의 저녁놀은 단지 배경으로 넣기 위해 과장해 그린 것이 아니다. 뭉크는 10년 전인 1883년 어느 날 저녁 산책을 하던 중 직접 그 저녁놀을 보았다. 특이하게도 1883년에는 세계 곳곳에서 이런 하늘을 볼 수 있었다. 독특한 하늘빛은 많은 사람에게 깊은 인상을 남겼고, 화가들은 자연이 보여 주는 환상적인 쇼를 화폭에 담았다.

하늘의 장관을 세세하게 기록한 화가로는 영국의 템스강 주위에 살

에드바르트 뭉크, 〈절규The Scream〉, 1893년, 오슬로 국립미술관

앉던 애슈크로프트가 손꼽힌다. 그는 1883년부터 3년 동안 불타는 저녁놀을 배경으로 한 풍경화를 무려 500점 이상 그렸다. 그의 작품은 마치 파노라마를 보는 것 같다. 유럽의 반대편 미국에서도 분홍빛과 오렌지 빛, 자줏빛이 부드럽게 어우러진 독특한 느낌의 일몰을 볼 수 있었다. 빛을 잘 살려 낭만적으로 미국의 풍경을 그렸던 에드윈 처치가 이런 장관을 놓칠리 없었다. 그는 온타리오 호수에 펼쳐진 멋진 장관을 〈온타리오 호수, 쇼몽 베이 얼음 위의 일몰Sunset over the Ice on Chaumont Bay, Lake Ontario〉1883에 담아낸다.

놀라운 것은 화가에게 이런 황홀경을 선사한 자연현상이 수천 킬로미터 이상 떨어진 인도네시아의 크라카타우KraKatoa의 화산 폭발 때문이었다는 것이다. 1883년 8월의 폭발은 1,000킬로미터나 떨어진 곳에서도 폭발음이 들릴 정도로 거대했고, 크라카타우섬에서 분출된 화산재는 성층권을 뚫고 40킬로미터까지 솟아올랐다. 성층권으로 올라간 화산재는 수개월 내에 낙하했지만 작은 것들은 그보다 훨씬 오랜 시간 동안 대기의 흐름에 따라 지구의 상공을 떠돌아다녔다. 작은 먼지들은 지면으로 떨어지는 종단속도가 초속 1밀리미터 밖에 되지 않을 정도로 매우 느렸기 때문에 낙하하는 동안 편서풍을 타고 지구를 몇 바퀴나 돌 수 있었다. 먼지들은 대기를 통과하는 태양 빛을 산란시켰다. 빛이 산란되는 정도는 대기 중의 입자 크기에 따라 달라졌는데 화산 먼지에 의해서 푸른색 계열의 빛이 더욱 많이 산란되었다. 푸른빛이 많이 산란되고 붉은빛이 더 많이 눈에 도달해 핏빛의 저녁놀이 보였던 것이다.

1883년의 분출은 뭉크를 비롯해 많은 화가에게 좋은 영감을 주었지만 그건 진정한 화산의 모습이 아니다. 서기 79년 베수비오 화산이 고대 로마의 아름다운 휴양지 폼페이를 순식간에 지옥의 도시로 만들어 버렸듯이 크라카타우도 화산 폭발로 1,000여 명의 주민을 화산재로 덮어 버렸다. 하지만 이건 시작일 뿐이었다. 화산 폭발 후 발생한 해일로 무려 3만 5,000명이 넘는 사람이 수장되었다. 화산이 폭발했지만 아이러니하게도 물 때문에 더 많은 사람들이 목숨을 잃었다. 기원전 1620년경의 산토리니 화산 폭발 때도 그랬다. 화산 폭발 후 생긴 해일로 크레타섬의 미노아문명은 치명타를 입고 역사의 뒤안길로 사라졌다.

인류의 역사를 돌이켜 보면 화산 폭발로 인한 피해는 드물지 않았다. 그런데 19세기에는 세계적으로 거대한 화산 폭발이 유독 많았고 그것이 역사의 흐름도 바꿔 놓았다. 공포 소설의 원조인 메리 셸리의 《프랑켄슈타인》이나 브램 스토커의 《드라큘라》를 보면 19세기의 음침하고 추운 날씨를 느낄 수 있다. 이 소설의 배경이 되는 날씨를 만들어 낸 것은 인도네시아 숨바와섬의 탐보라 화산이다. 1815년 인류 역사상 최대의 화산 폭발로 일컫는 탐보라 화산 폭발로 화산재가 햇빛을 막아 지구 전체의 기온이 떨어졌다. 때문에 1816년과 1817년에는 '여름 없는 해'로 기록될 만큼 기온이 낮아졌다. 냉해로 농사는 흉년이 되었고, 수만 명의 사람이 굶어 죽었다. 또한 굶주림으로 면역력이 떨어져 전염병 사망자도 셀 수 없이 많이 나왔다. 살아남은 사람들은 고향과 조국을 등지고 이민을 선택하거나 살기 위해 가혹한 선택을 해야 했다. 부모가 아이를 내다 버리거나 교회 앞에 가져다 두고 도망가는 일이 종종 일어났다. 고아원을 배경으로 한 찰스 디킨스의《올리버 트위스트》나 자식을 숲속에 내다 버리는 그림형제의 《헨젤과 그레텔》이야기는 당시 서민의 비참한 생활을 잘 보여 준다.

화산은 19세기에 수백만 명 이상의 사람들이 기아와 질병으로 죽는 데 직간접적인 영향을 주었다. 이처럼 〈절규〉 속에는 수많은 진짜 절규가 담겨 있어 그림이 더욱 충격적으로 보이는 것은 아닐까?

4. Game 게임에

겨울왕국에 기후가

하루 종일 게임만 하면서 살 수는 없을까? 공부도 게임처럼 재미있으면 잘할 수 있을 텐데. 휴, 오늘도 틈틈이 스마트폰 게임이라도 즐겨야겠다!

리산드라가 불러온
빙하기

✖

빙하기와 기온

게임에서는 냉기를 쏘거나 눈보라, 우박 등을 만드는 마법을 부리는 캐릭터가 있다. 그 대표적인 캐릭터가 리산드라와 애쉬다. 리산드라는 서릿발이나 얼음 무덤으로 상대방을 꽁꽁 얼려 버리고, 애쉬는 얼음 정수의 활을 무기로 사용해 상대방을 공격한다.

요즘은 뭐든지 차갑게 얼리는 냉동고도 있고, 얼음이 나오는 정수기까지 있으니 리산드라의 능력을 실현하는 것도 불가능해 보이지는 않는다. 물론 마법이 아니라 다른 방법을 사용해야 하겠지만.

손만 대면 얼려 버리는 기술을 터득한다면 여름에는 정말 행복할 텐데. 세상을 얼리는 데는 어떤 원리가 숨어 있을까?

리산드라의 세상 얼리기

컴퓨터 게임으로 인기가 좋은 '리그 오브 레전드LOL'의 리산드라나 모바일 게임 '클래시 로얄'의 얼음 마법사처럼 마법으로 세상을 얼리는 것은 불가능하다. 그렇다면 영화 〈슈퍼배드Despicable Me〉2010의 그루나 〈배트맨 4: 배트맨과 로빈Batman & Robin〉1997의 미스터 프리즈처럼 냉동 광선을 쏘는 것은 어떤가? 냉동실에서 얼음을 얼릴 수 있으니 냉동 광선총쯤이야 마음만 먹으면 만들 수도 있을 것 같다는 생각을 할지도 모른다. 액체 질소에 과자나 꽃을 넣으면 순식간에 꽁꽁 얼리는 것도 가능하니 그렇게 생각하는 것도 무리는 아니다. 그런데 여러분은 아직까지 어디서도 냉동 광선총을 제작했다는 이야기를 들은 적이 없을 거다. 왜 그럴까?

그 이유를 알기 위해서는 우선 물체가 언다는 것이 어떤 뜻인지 알아야 한다. 물질은 온도와 압력에 따라 고체, 액체, 기체의 세 가지 상태를 지닌다. 1기압일 때 물은 0도가 되면 얼어서 고체 상태가 되고, 100도가 되면 끓어서 기체 상태가 된다. 이렇게 물이 액체에서 고체나 기체로 변하는 것을 상태변화라고 한다. 물질의 상태가 변할 때는 열에너지의 이동이 생긴다. 20도의 물이 얼기 위해서는 물이 가지고 있는 열에너지가 다른 곳으로 이동해야 한다. 물을 얼리기 위해 -10도인 냉동실에 넣었다고 가정해 보자. 냉동실 안의 공기에 비해 물의 온도가 높다. 열은 온도가 높은 물체에서 낮은 물체로 이동하므로 물이 가지고 있던 열에너지는 계속해서 냉동실의 공기로 이동한다. 열의 이동은 물과 냉동실 공기의 온도가 같아지는 -10도가 될 때까지 계속 일어난다. 따라서 시간이 충분히 흐른 뒤 냉동실을 열어 보면 물이 -10도의 얼음이 된 것을 볼 수 있다. 이와 같이 온도가 서로 다른 두 물체를 접촉시키면 온도가 같아질 때까지 계속 열에너지가 이동하게 된다.

열이 이러한 방법으로 전달되는 것은 열의 정체가 물체를 구성하는 분자의 운동에너지이기 때문이다. 온도가 높은 물체는 물체를 구성하는 분자가 더 활발하게 진동하고 있다는 것을 의미한다. 따라서 온도가 다른 두 물체가 서로 접촉하면 분자의 운동이 활발한 온도가 높은 물체에서 운동이 덜 활발한 온도가 낮은 물체로 운동에너지가 전달된다. 즉 열에너지의 정체는 미시적 관점에서 본다면 분자의 운동에너지다.

물체를 얼린다는 것은 물체의 분자가 지닌 운동에너지를 다른 물체로 이동시켜 분자들이 자유롭게 운동하지 못하는 상태로 만든다는 의미다. 기체나 액체 상태의 물체는 분자들이 일정한 위치에 고정되어 있지 않고 자유롭게 운동한다. 자유롭게 운동하던 분자들이 운동에너지를 잃고 다른 분자와 결합해 일정한 형태를 갖게 되면 고체 상태가 되며, 이것을 물체가 '얼었다'고 표현한다. 즉 물체를 얼게 만들려면 물체의 분자가 지닌 운동에너지인 열에너지를 다른 곳으로 이동시켜야 한다.

열에너지는 항상 온도가 높은 물체에서 낮은 물체로 스스로 이동하기 때문이다. 하지만 주위에 더 낮은 온도의 물체가 없다면 어떻겠는가? 물이 높은 곳에서 낮은 곳으로 흐를 때는 아무런 힘을 가해 주지 않아도 스스로 흐른다. 하지만 낮은 곳에서 높은 곳으로 물을 이동시키기 위해서는 펌프로 물을 길어 올리는 일을 해야만 한다. 마찬가지로 주위에 온도가 낮은 물체가 없다면 물체를 얼게 만들기 위해서는 물체가 가진 열에너지를 강제로 다른 곳으로 이동시켜야 한다. 리산드라든 얼음 마법사든 물체의 온도를 낮추기 위해서는 물체가 가진 열을 강제로 옮겨야 한다. 마법을 사용했건 어쨌건 물체를 얼리려면 다른 어떤 곳은 뜨겁게 달아올라야 한다는 것이다.

마지막으로 냉동 광선총을 만들 수 없는 이유는 간단하다. 광선이라는 것은 에너지다. 에너지를 공급해서 열에너지를 줄이는 것이 어떻게 가능하겠는가? 물론 입자 하나의 경우에는 빛을 이용해 얼릴 수 있겠지만 커다란 물체의 경우에는 분자들이 모두 멋대로 운동하기 때문에 광선으로 진동을 멈추게 할 방법이 없다.

엘사의 빙하기

게임 속에 얼음 마법사가 있다면, 영화 속 캐릭터로 빼놓을 수 없는 것이 바로 엘사. 〈겨울왕국Frozen〉2013을 통해 많은 사람에게 깊은 인상을 심어 준 엘사의 냉기 마법에 대해 이야기해 보자. 엘사가 가

족에게서 멀어져 혼자 숨어 버린 것은 왕국을 얼음 세상으로 만들어 버릴 것 같아 두려웠기 때문이다. 그래서 엘사는 깊은 산속의 얼음 궁전으로 숨어 버리려고 한다.

만일 현실에서 엘사의 궁전이 있는 곳처럼 세상이 온통 얼음으로 가득한 곳을 찾는다면 어디가 좋을까? 극지방이나 히말라야산맥 같은 고산지대는 항상 얼음으로 뒤덮여 있으니 엘사의 얼음 궁전이 있다고 하더라도 전혀 이상하지 않을 것이다.

영화 속에서 엘사가 얼음 궁전을 만든 곳과 따뜻한 아렌델이 공존할 수 있었듯이 실제로도 극지방이 꽁꽁 얼어도 적도 지방은 이글이글 타오른다. 어떻게 같은 지구에서 이러한 양극단의 세상이 공존할 수 있을까?

지구가 따뜻한 이유는 태양복사 에너지 덕분이다. 지구 내부에서도 뜨거운 열기가 나오지만 태양복사 에너지에 비하면 거의 무시할 정도로 적다. 따라서 적도와 극지방이 왜 이렇게 기온 차이가 많이 나는지는 태양복사 에너지만 따져 보면 된다.

적도의 기온이 높은 것은 단위면적당 받는 태양복사 에너지의 양이 극지방보다 많기 때문이다. 같은 태양이 지구를 비추더라도 적도 지방과 극지방은 단위면적당 받는 복사에너지의 양이 다르다. 같은 태양이 같은 시간 내리쬐는데 왜 이런 일이 생길까?

그건 지구가 둥글기 때문이다. 적도 지방에서는 태양이 바로 머리 위에서 비추지만 극지방으로 올라가면 태양의 고도가 낮아서 비스듬하게 비춘다. 이는 손전등을 수직으로 비출 때와 비스듬하게 비출 때를 생각해 보면 쉽게 이해할 수 있을 것이다. 같은 손전등이라도 수직으로 비출 때가 비스듬하게 비출 때보다 훨씬 밝다. 마찬가지로 태양의 고도가 높을수록 지표면이 받는 태양복사 에너지의 양이 많아서 지표면의 기온이 올라간다. 따라서 적도와 같은 저위도지방은 온도가 높고 극지방과 같은 고위도지방은 기온이 낮다. 그렇게 되면 어떤 일이 일어나겠는가? 그렇다. 앞에서 설명한 것과 같이 열에너지가 이동한다. 대기와 해류가 이동하면서 저위도지방의 열에너지를 고위도지방으로 옮긴다.

지금까지는 열을 이동시키는 관점에서 이야기를 했지만 사실 열에너지를 이동시키지 않아도 물체의 온도를 낮추는 방법이 있다. 이 방법은 구름이 만들어지고 눈과 비가 오는 과정이기도 하다. 바로 단열팽창이라는 현상이다. 단열팽창은 공기덩어리가 열의 출입없이 팽창하면서 온도가 내려가는 현상이다. 지표면이 가열되어 밀도가 낮아진 공기가 상승하면서 겪는 일이 바로 단열팽창이다. 날씨를 말할 때 단열팽창은 매우 중요하다. 상승하는 공기가 단열팽창으로 기온이 내려가면 구름이 만들어지고, 구름이 형성되어야 비나 눈이 내리기 때문이다.

단열팽창이라는 개념이 이해하기 쉽지 않다면 간단한 예를 들어 보자. 휴대용 가스레인지를 사용할 때 가스가 빠져나간 가스통을 만져 보면 차게 느껴진다. 이것은 가스통에서 가스가 빠져나가면서 온도가 내려갔기 때문이다. 공기가 상승하면서 고도가 높아지면 기압이 내려가면서 공기가 팽창하게 된다. 공기가 팽창하면 공기 덩어리의 온도는 내려가고, 이슬점 이하가 되면 공기덩어리는 구름이 된다. 이슬점은 수증기가 물방울이 되는 온도로 이 온도보다 기온이 낮아지면 수증기는 물이 되고, 만일 어는점보다 공기의 온도가 낮아진다면 얼게 된다.

엘사가 주변의 공기를 갑자기 팽창시키면 순간적으로 공기 중에 있는 수증기는 얼어서 눈이 될 것이다. 물론 아무런 도구도 사용하지 않고 공기를 갑자기 팽창시킬 수는 없겠지만 불가능하지는 않다. 어쨌건 공기를 갑자기 팽창시키면 기온이 내려가 비나 눈이 내릴 수 있다. 하지만 온도만 내려간다고 수증기의 응결이 일어나는 것은 아니다. 수증기의 응결이 잘 일어나기 위해서는 응결핵이 있어야 한다.

실제 구름에서도 구름 입자인 빙정이 성장하기 위해서는 빙정핵이 필요하다. 꽃가루나 먼지, 염분이 빙정핵이 될 수 있으며 놀랍게도 박테리아도 그런 역할을 한다. 구름이 잘 만들어지지 않을 때 인공강우를 내리게 하는 방법이 빙정핵을 하늘에 뿌리는 것이다. 그러면 구름이 만들어져 비가 내릴 확률이 높아진다.

지구의 기상 현상의 근원에는 태양이 있다. 태양복사 에너지에 의해 지표면의 기온이 올라가고, 온도가 높은 곳과 낮은 곳이 생겨 공기의 이동이 일어나면서 기상 현상이 생기기 때문이다. 아직까지

는 엘사처럼 마법의 세계 속에서나 눈을 내리게 할 수 있지만 언젠
가는 기상을 마음대로 조절할 수 있는 날이 올 것이다.

독가스가 피어나는 땅

✖

대기오염

귀여운 캐릭터와 손쉬운 조작 덕분에 인기를 얻은 게임 '브롤스타즈'. 흥미로운 점은 시간이 지나면 게임 맵의 끝부분에서 독가스가 피어오른다는 것이다.
이 독가스는 캐릭터가 귀퉁이에 숨거나 모서리에서 어부지리로 살아남는 것을 막는 중요한 역할을 한다. 약삭빠르게 숨어서 이득을 보는 것을 막아 내는 독가스는 게임을 더욱 박진감 넘치게 만들어 준다. 게임이든 현실이든 꼼수를 부리지 않고 제대로 살아야 하는 법!
그런데 실제 현실에서도 독가스가 피어나는 곳이 있을까?

독가스의 정체

'브롤스타즈' 게임에서는 연두색의 독가스 속에서 오랜 시간 머무르면 체력이 떨어져 죽게 된다. 물론 게임처럼 연두색의 가스가 몽실몽실 피어오르는 지형은 실제로는 없다. 하지만 지구 곳곳에는 인간이 오래 머무르면 위험한 지역이 있다.

독가스 관련 사건 중 가장 치명적인 피해를 입힌 사건은 카메룬의 니오스Nyos 호수에서 발생했다. 니오스 호수는 화산의 분화구에 물이 고여 형성된 칼데라호다. 칼데라호는 화산이 분출되어 산꼭대기에 생긴 구멍에 물이 고여 생긴 호수다. 니오스 호수는 평소에는 다른 호수와 마찬가지로 잔잔하고 고요하게 보였다. 1986년 8월 21일에도 마찬가지였다. 호수 주변의 마을 주민들은 여느 때처럼 잠들었다가 호수에서 분출된 독가스로 하루아침에 봉변을 당했다. 무려 1,700명의 주민과 3,500여 마리의 가축이 순식간에 떼죽음을 당했다. 독가스의 정체는 놀랍게도 이산화탄소였다. 호수 밑의 마그마 방에서 생긴 이산화탄소가 호수 바닥에 고여 있다가 일순간 뿜어져 나오면서 비극이 발생한 것이다. 산꼭대기 호수에서 방출된 이산화탄소는 공기보다 밀도가 높은 탓에 조용히 산을 타고 내려와 주변의 야생동물을 포함해 마을을 죽음의 그림자로 덮어 버렸다.

독가스라고 해서 독성이 강한 가스만 있는 것이 아니다. 이산화탄소처럼 평소에는 문제가 되지 않는 성분도 농도가 높아지면 독성을 나타낼 수 있다. 이산화탄소는 체내 농도가 높아지면 목숨을 위협하기 때문에 호흡을 통해 끊임없이 밖으로 배출해야 한다. 이산화탄소는 대기 중에 약 0.04퍼센트 정도밖에 없어 호흡을 통해 밖으로 충분히 빼낼 수 있지만 대기 중의 이산화탄소 농도가 높아진다면 호흡을 통해 배출할 수 없게 된다. 그렇게 되면 체내 농도가 높아진 이산화탄소가 독성을 나타내 산소가 부족해지고 결국 인간은 질식해 사망하고 만다. 브롤스타즈에서 유닛이 독가스 속에 오래 있게 되면 급격하게 체력이 떨어져 죽는 것은 실제로도 충분히 가능한 이야기라는 것이다.

이산화탄소 같은 독가스 성분은 주로 화산 지대 주변에서 많이 나온다. 화산에서는 용암만 나오는 것이 아니다. 마그마에 따라 조금씩 차이가 나긴 하지만 대략 10~15퍼센트는 가스 성분이다. 화산가스는 수증기, 이산화탄소, 이산화황, 수소, 질소, 황화수소 등으로 이루어져 있다. 화산가스에서 제일 많은 성분은 바로 수증기다. 화산이 분화할 때 멀리서 보면 흰색 연기가 올라오는 것을 볼 수 있는데 그 연기의 정체가 바로 수증기다. 또한 화산 지대에 가면 특유의 냄새가 나는 것은 이산화황과 황화수소 때문이다. 수증기와 질소는 몸에 해롭지 않지만 나머지 성분들은 독성을 나타내기 때문에 화산활동이 활발해 화산가스의 양이 많아지면 출입을 막는 것이다.

건물에서 새어 나오는 독가스

화산가스보다 더 흔한 독가스로 라돈(원소기호 Rn)이 있다. 원자 번호 86번인 라돈은 자연에서는 우라늄과 토륨의 자연 붕괴에 의해서 발생한다. 라돈이 무서운 것은 방사성을 띠기 때문이다. 호흡을 통해 지속적으로 라돈을 흡수하면 폐암에 걸릴 수 있다. 문제는 브롤스타즈에서처럼 녹색을 띠고 있는 것이 아니라 무색, 무미, 무취의 성질을 가지고 있다는 점이다. 따라서 라돈이 방출되고 있다는 것을 알기가 어렵다. 또한 공기보다 무거워 지하에서 방출된 가스는 환기를 하지 않으면 고이게 된다.

더 놀라운 사실은 라돈 가스를 지상 어디에서나 흔히 볼 수 있다는 점이다. 지하의 우라늄과 토륨이 방사성 붕괴를 하면 라듐이 생성되고 이때 라돈 가스가 생긴다. 따라서 일반적으로는 땅에 가까울수록 라돈의 농도가 높다. 어떤 지하실이든 항상 어느 정도의 라돈 가스는 방출된다고 봐야 한다. 물론 이 정도의 농도는 우리 몸에 해가 되지 않는다. 하지만 일부 지역에서는 농도가 높은 가스가 방출되기도 하므로 어떤 장소가 라돈으로부터 안전한지 알기 위해서는 검사를 통해 확인해 봐야 한다. 지면에서 멀리 떨어진 고층 아파트에 살고 있다고 무조건 안전한 것도 아니다. 라돈의 방출이 많은 지역에서 생산된 건축자재를 사용하면 건물에서도 라돈 가스가 방출된다. 그러한 사실을 모르고 실내 환기를 게을리하면 라돈 가스에 지속적으로 노출되는 셈이다. 건물에 미세한 균열이 있다면 라돈 가스가 새어 나올 수 있다는 사실을 염두에 둘 필요가 있다. 가족 중에 흡연자가 없는데도 폐암에 걸린 사람이 있다면 라돈 가스가 발병의 원인일 가능성도 있다.

인간의 잘못으로 생긴 독가스

자연에서도 해로운 독가스가 생성되지만 그보다 더 무서운 것은 대기오염에 의한 것이다. 영국은 산업혁명이 진행되면서 석탄 사용량이 급격하게 많아졌다. 그래서 19세기에 이르자 대기 환경이 급속히 나빠졌다. 1952년에는 안개가 자주 끼는 해양기후의 특성과 함께 산업혁명이 유발한 대기오염이 겹쳐서 최악의 대기 환경 재난이라 불리는 런던 스모그 사건이 발생한다. 일명 '그레이트 스모그Great Smog'라고 불리는 이 사건은 1952년 12월 5일부터 9일까지 5일간 이어진 스모그로 런던에서 어린이나 노약자 등 4,000명 이상이 목숨을 잃은 사건이다. 이후 몇 주 내에 추가로 발생한 8,000여 명의 사망자까지 발생해 사상 최악의 대기오염 사건으로 기록되었다. 하지만 영국에서 스모그가 나타난 것은 이때가 처음이 아니다. 이미 런던에는 1878년부터 여러 차례 스모그가 발생했고, 1909년에도 글래스고와 에든버러에서 1,000여 명이 스모그로 사망했다. 하지만 영국 정부는 이때까지도 제대로 된 대처를 하지 못했고, 결국 런던 스모그 사건이 터진 후에야 대기청정법Clean Air Act을 제정

했다.

그렇다면 런던 스모그 사건은 어떻게 일어난 것일까? 1952년 갑자기 추워진 겨울 날씨로 시민들이 난방에 사용하는 석탄의 양이 많아졌다. 하지만 불행하게도 대기는 정체되어 있어 석탄이 탈 때 발생한 연기가 확산되어 흩어지지 못했다. 대기가 한 곳에만 오래도록 머무르자 안개와 함께 짙은 스모그가 발생해 엄청난 사상자를 낸 것이다.

스모그는 매연smoke과 안개fog의 합성어로 런던에서는 매연 속의 황산화물이 안개와 섞여 발생했다. 미국의 로스엔젤레스에서는 자동차 배기가스에 포함된 탄소화합물과 질소산화물이 햇빛을 받아 스모그로 변해 대기를 오염시키기도 했다. 대기를 깨끗하게 보존하지 못하면 게임 속 환경처럼 독가스 같은 대기 환경에서 살게 될지도 모른다.

대항해시대의 낭만을 즐기다

✖

바람과 해류

〈캐리비안의 해적Pirates Of The Caribbean〉2003을 비롯해
항해를 소재로 한 영화나 게임은 항상 인기를 끈다.
이를 토대로 만든 테마파크도 인기다.
하지만 스마트폰 게임은 모험이라는 장르를 소화하기
어려워 그동안 크게 인기를 끌지 못했다. 그나마 몇몇
게임이 주목을 받았는데, '대항해의 길'이 그중 하나다.
영화나 게임은 대항해시대신항로 개척 시대의 낭만을
맛보고 싶어 하는 사람들에게 제격이다. 하지만
당시만 해도 항해를 한다는 것은 큰 모험이었고 아주
위험했다. 선원들의 목숨이 바다의 해류와 바람에
따라 좌우되었기 때문이다.

대양 항해 필수품

신대륙을 찾아 나선다는 것은 항상 사람들의 호기심과 권력자들의 욕구를 자극했다. 하지만 대양 항해를 감행한다는 것은 결코 쉽지 않았다. 근해가까운 바다를 항해하는 배들은 노를 저어서 움직일 수 있지만 대양태평양, 인도양, 대서양 등 넓은 해역을 차지하는 커다란 바다 항해를 하면서 계속 노를 저을 수는 없는 노릇이었다. 대항해시대의 주요 동력은 바람이었다. 이렇듯 대양 항해를 위해서 돛은 필수적이었고, 점차 더 거대한 돛을 단 배들이 등장했다. 영화나 게임에서는 이러한 대양 항해를 낭만적으로 묘사하지만 당시 선원들에게 대양 항해는 결코 쉬운 일이 아니었다. 육지에 가까이 있는 바다를 항해하는 것과 달리 위험 요소가 너무 많았기 때문이다.

용감한 선원만 뛰어들 수 있는 대양 항해는 필요한 것들이 많았다. 대양의 폭풍우도 견뎌 낼 만큼 튼튼한 배와 노련한 선원은 기본인 데다 나침반과 해도도 필요했다. 영화 〈캐리비안의 해적〉 시리즈에서 나침반과 지도를 열심히 찾아다니는 것은 그러한 이유 때문이다. 항로를 이탈해 엉뚱한 곳으로 가면 그걸로 끝장이다. 배에 실을 수 있는 물과 식량에는 한계가 있기 때문에 대양에서 길을 잃고 헤매다가는 꼼짝없이 목말라 죽거나 굶어 죽기 십상이다. 바다는 육지와 달리 위치를 알아내기도 어렵다. 육지는 지형의 모양을 보면 어딘지 짐작할 수 있지만 배 위에서는 어디를 쳐다봐도 드넓은 바다뿐이기 때문이다.

사실 나침반도 오늘날의 내비게이션처럼 원하는 방향을 알려주는 장치는 아니다. 나침반은 자석으로 만든 바늘이 항상 일정한 방향을 가리키는 도구일 뿐이다. 나침반이 일정한 방향을 가리키는 이유는 지구 자기장 때문이다. 자석은 서로 다른 극끼리는 끌어당기고, 같은 극끼리는 미는 힘이 작용한다. 나침반 바늘의 N극이 북쪽을 가리키는 것은 지구의 북쪽에 S극이 있기 때문이다. 북쪽을 가리킨다고 해서 N극이라고 이름은 붙여 놨지만 사실 북쪽에는 S극이 있는 것이다.

어쨌건 지구가 하나의 거대한 자석처럼 자기장을 형성한다는 것과 나침반이 가리키는 것이 지구의 북극과는 조금 차이가 난다는 사실은 나중에서야 알려졌다. 항해를 하는 데는 나침반으로는 부족했다. 해도상에서 배의 위치를 확인하려면 필요한 것이 더 있었다. 배의 속력을 알아야 했다.

속력은 이동 거리를 시간으로 나눈 값이다. 대양에서는 이동 거리와 시간 두 가지 값 모두 측정하기가 쉽지 않았다. 만약 강가에서 배를 타는 경우라면 육지가 얼마나 빨리 움직이는지를 보고 배의 빠르기를 짐작할 수 있지만 바다에서는 쉽지 않다.

육지의 거리는 어떻게 재는가? 일정한 보폭으로 걸어가면서 걸음 수를 세거나 줄자로 잴 것이다. 바다도 마찬가지다. 밧줄에 물에 뜰 수 있는 나무 도막을 묶은 후 배 뒤쪽에서 바다로 던져, 풀린 밧

줄의 길이를 측정하면 된다. 배의
속력을 나타내는 **노트**라는 단위

노트(knot): 1노트는 1시간에 1해리
(1,852미터)를 움직이는 속력이다.

는 밧줄의 매듭에서 기원한 말이다. 오늘날이라면 방향과 배의 속
력만 알면 끝이지만 당시에는 또 하나의 문제가 있었다. 정확한 시
계가 없다는 점이었다. 당시에는 해시계와 같은 천체 시계나 진자
의 원리를 이용한 추시계를 사용했는데 둘 다 정확도가 그리 높지
않았다. 천체의 고도를 측정해 시간을 알아내려면 현재 배가 있는
위치의 경도를 정확하게 알아야 했다. 즉 배의 위치를 정확하게 알
기 위해 경도를 측정해야 하고, 경도를 알기 위해 배의 위치를 알
아야 했던 것이다.

또한 진자를 이용한 시계는 흔들리는 배 위에서는 육지보다 성
능이 떨어질 수밖에 없었다. 이러한 문제는 정확한 해상시계를 발명
하면서 해결할 수 있었다.

배를 삼키는 바다

위성을 통해 날씨 변화에 대한 정보를 받을 수 없었던 옛날에는 바
다에서 갑자기 폭풍을 만나기도 했고, 때론 아예 바람이 없어서 넋
놓고 바다 위에서 바람을 기다리기도 했다. 바람은 돛단배를 움직
일 뿐만 아니라 바다에서 해류와 파도를 만들어 낸다. 바다에서 일
어나는 변화의 대부분은 바람의 영향을 받는다. 돛단배를 탄 선원

에게 바람은 참으로 이중적일 수밖에 없다. 바람이 없으면 배는 나아갈 수 없고, 너무 강하게 불면 배가 침몰할 수 있기 때문이다.

어쨌건 바람은 배를 움직이게 하고, 파도와 해류도 만들어 낸다. 신대륙을 발견한 이후 대양 항해를 하는 배들이 많아지자 선원들은 바람과 해류가 불규칙한 것이 아니라 일정한 규칙이 있다는 것을 깨닫기 시작한다. 노련한 선원은 어느 곳에서 어떤 바람이 우세하게 부는지 알았고 해류의 흐름도 알고 있어 이를 활용하기 시작했다.

바람이 분다고 거대한 바닷물이 움직인다는 것이 언뜻 생각하면 납득이 가지 않을 수도 있다. 물론 짧게 부는 바람은 파도를 일으킬 뿐이지만 지속적으로 같은 방향으로 부는 바람은 해류를 형성한다.

세숫대야에 물을 받아 놓고 일정한 방향으로 계속 입김을 불면 물에 흐름이 생기듯 거대한 바다도 마찬가지다. 하지만 일정하게 이동하는 바닷물의 흐름을 모두 해류라고 하지는 않는다. 천체의 운동에 의해 생기는 규칙적인 바닷물의 이동인 밀물과 썰물은 해류라고 하지 않고 조류라고 부른다. 어쨌건 해류는 일정한 방향으로 지속적으로 움직이는 해수의 흐름으로 주변 바닷물보다 온도가 높은 난류와 온도가 낮은 한류로 구분한다. 일반적으로 난류는 저위도에서 만들어져 고위도로 흐르며, 한류는 고위도에서 생겨 저위도로 흐른다. 해류는 이동하면서 저위도지방의 열에너지를 고위도지방으로 수송한다. 그 덕분에 저위도지방과 고위도지방의 온도차를 줄이는 역할을 한다.

영화 〈니모를 찾아서Finding Nemo〉2003에서 바다를 고속도로라 부르며 해류를 타고 빠르게 이동하는 장면을 볼 수 있다. 넓은 바다의 바닷물은 항상 그대로인 듯 보이지만 해류를 통해 대양을 순환하고 있는 것이다. 해류의 순환은 바람과 밀도농도에 의해 일어난다. 우선 바람부터 살펴보자. 변덕이 심한 바람이야 일정한 해류를 형성하지 못하지만 대양에서는 일정한 흐름으로 부는 바람이 있다. 이러한 지구 규모의 바람에는 몇 가지가 있다. 지구 규모로 보면 바람의 방향은 대체로 일정한 경향을 띤다. 동쪽에서 서쪽으로 불거나 반대로 서쪽에서 동쪽으로 부는 두 가지 방향으로 크게 분류할 수 있다. 신항로 개척 시대에 널리 알려진 무역풍은 동쪽에서 서쪽으로 부는 편동풍이다. 또한 우리나라가 속한 편서풍은 서쪽에서 동쪽으로 부는 바람이다. 편동풍이나 편서풍이라는 이름도 일정한 방향으로 치우친 바람이 분다는 의미에서 붙여진 이름이다.

적도 지방은 지구복사 에너지의 양이 많다. 그래서 지표면에서 공기가 데워져 위로 올라간다. 상승한 공기는 중위도지방으로 이동하면서 온도가 내려가면 다시 밑으로 이동한다. 이렇게 되면 중위도지방은 고기압, 적도 지역은 저기압이 형성되어 중위도에서 적도 지역으로 바람이 불게 된다.

만일 지구가 자전하지 않는다면 북반구에는 북풍, 남반구에는 남풍이 불 것이다. 하지만 자전 때문에 지표면에서 이동하는 물체는 **전향력**을 받아서 운동 방향이 오른쪽으로 휘어지게 된다. 그래서 북반구에서는 북동무역풍, 남반구에서는 남동무역풍이 분다. 콜럼버스가 무역풍을 타고 신대륙을 발견했으며, 유럽과 신대륙 사이에 무역을 할 때 자주 이용되어 무역풍이라는 이름이 붙었다. 중위도지방에서 하강한 기류는 고위도지방으로 이동하면서 마찬가지로 오른쪽으로 휘어져 편서풍이 된다. 세계지도를 펼쳐 놓고 바람의 방향과 해류의 방향을 비교해 보면 흐름이 대체로 비슷하게 보인다. 이것은 해류가 바람의 영향을 받기 때문으로 이러한 해류의 순환을 표층 순환이라고 한다.

전향력(Coriolis force): 회전하는 물체 위에 나타나는 가상적인 힘

수온약층: 바다를 해수의 온도에 따라 혼합층, 수온약층, 심해층으로 나눌 때 혼합층 바로 아래의 층. 혼합층은 바람에 의해 해수가 계속 섞여서 온도가 일정하지만 수온약층에서는 깊이에 따라 수온이 급격하게 낮아진다.

표층 순환이 주로 바람의 영향을 받는다면, **수온약층** 아래의 깊은 바다의 해류는 열과 염분에 의해 일어난다. 심층 순환의 원인인 열과 염분은 바닷물의 밀도에 영향을 주기 때문이다. 온도가 높거나 염분이 낮은 바닷물은 밀도가 낮고, 반대로 온도가 낮고 염분이 높은 바닷물은 밀도가 높다. 밀도가 낮은 바닷물은 부력에 의해 표면으로 이동하고, 밀도가 높으면 무거워서 가라앉게 된다.

무거운 바닷물은 대표적으로 남극 저층수를 들 수 있다. 남극 저층수는 남극의 낮은 기온과 빙하가 만들어질 때 물만 얼고 염분

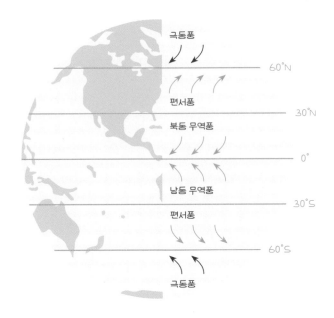

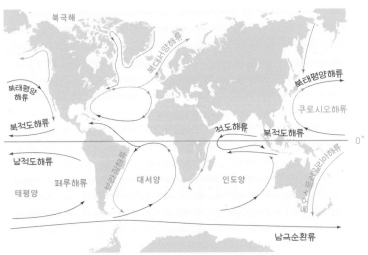

바람의 방향과 표층 순환

이 그대로 바닷물에 남으면서 형성되는 지구에서 가장 밀도가 높은 해수다. 이렇게 밀도가 높은 바닷물은 바닥으로 가라앉고 밀도가 낮은 바닷물은 표면으로 올라오면서 일어나는 현상을 열 염분 순환이라고 한다.

공룡을 만들어 내는
'쥬라기 월드'

✖

진화

공룡이 등장하는 가장 유명한 영화 〈쥬라기 공원Jurassic Park〉1993은 무지막지한 공룡의 위력을 생생하게 느낄 수 있는 영화다.

이처럼 실제로 공룡을 보지는 못하더라도 '쥬라기 월드'처럼 체험할 수 있도록 만든 게임들이 많다. 심지어 공룡과 로봇을 결합한 게임도 등장할 정도다. 최근 VR 기기까지 동원해 더욱 실감 나게 공룡을 만날 수 있다. 공룡 카드, 공룡 인형을 갖고 놀면서 자란 우리에게 공룡은 친숙하면서도 매력 있는 존재다.

영화 속에서처럼 공룡을 실제로 재현해 내는 꿈은 현실이 될 수 있을까?

〈쥬라기 공원〉에는 쥐라기 공룡이 없다?

마이클 크라이튼의 동명 소설을 영화로 만든 〈쥬라기 공원〉이 개봉하자 사람들은 놀라움을 금치 못했다. 스크린을 활보하는 공룡의 생생한 모습도 놀라웠지만 그보다는 과학적으로 공룡을 복원할 수 있을지도 모른다는 가능성에 더 충격을 받았다. 모기의 뱃속에 있는 공룡의 피에서 DNA를 추출해 공룡을 되살려 낸다는 가정은 지적 호기심을 자극하기에 충분했다. 이런 방법을 구현하려면 아직까지는 기술적으로 어렵지만 이론상 불가능하지는 않다고 한다. 이후 <u>유전공학</u>은 괄목상대할 만한 발전을 이뤘고, 이러한 기술 발전

유전공학: 생물의 형질을 변화시키기 위해 유전자를 조작하는 기술 분야

을 토대로 유전자 편집 공룡이 전투를 벌이는 게임이 등장하기에 이른 것이다.

이제 공룡 시대의 상징이 되어 버린 '쥬라기'라는 이름부터 한번 알아보자. 영화의 제목이기도 하고 게임에도 흔히 등장하는 쥬라기 공원은 말 그대로 쥐라기 시대의 공룡을 모아 두었다는 뜻이다. 하지만 재미있게도 〈쥬라기 공원〉에는 쥐라기 공룡이 아니라 백악기 공룡만 가득했다. 지질시대를 쥐라기와 백악기로 구분하는 것은 두 시대 사이에 많은 생물이 멸종하고 또한 새롭게 등장했기 때문이다. 물론 공룡의 종류도 많이 다르다. 공룡이 번성했던 중생대라고 하더라도 모든 공룡이 중생대 내내 존재했던 것은 아니다. 공룡들은 새로 등장해서 번성하다가 멸종하는 시대적 흐름을 따랐다.

공룡을 비롯한 생물이 어떤 시대에 번성했는지를 이야기하려면 우선 지질시대를 구분할 수 있어야 한다. 역사시대를 문화나 왕조에 따라 구분하듯 지질시대도 화석을 기준으로 구분한다. 지질시대는 큰 단위부터 누대累代, Eon, 대代, Era, 기紀, Period, 세世, Epoch의 순으로 구분한다. 누대는 대代를 여러 개 묶어 놓았다는 뜻으로 이언이라는 말을 사용하기도 한다. 누대는 화석이 거의 발견되지 않는 선캄브리아시대명왕 누대, 시생 누대, 원생 누대와 현생누대로 나눈다. 선캄브리아시대는 공식적인 지질시대 기준은 아니지만 캄브리아기 앞의 시대를 가리키며, 지구의 역사 중 가장 긴 40억 년의 기간을 차지한다. 현생누대는 고생대, 중생대, 신생대로 구분한다. 현생누대를 구분하는 이름은 어느 정도 짐작이 되지만, 대를 구분하는 기의 이름은 생소하게 느껴진다. 우선 구분을 해 보면 고생대는 캄브리아기, 오르도비스기, 실루리아기, 데본기, 석탄기, 페름기의 여섯 기로 구분한다. 중생대는 트라이아스기, 쥐라기, 백악기로 구분하며, 신생대는 팔레오기고제 3기, 네오기신제 3기와 제4기로 구분한다. 이름이 이렇게 낯설게 느껴지는 이유는 지질학 연구가 영국을 비롯한 유럽에서 이뤄졌기 때문이다. 캄브리아기, 오르도비스기, 실루리아기는 모두 영국의 웨일스에서, 데본기는 데본셔 지방의 이름에서 유래했다. 또한 페름기는 우랄산맥 부근의 페름, 쥐라기는 스위스의 쥐라산맥에서 따온 이름이다. 그나마 석탄기와 백악기는 석탄과 백악초크이 풍부한 지층 때문에 붙여진 이름이다.

4. Game 게임에
겨울왕국에 기후가

누대	대	기		상대적 시간 길이	
		제4기		현생 누대	신생대
	신생대	2.56			중생대
		네오기(신제3기)			고생대
		23.0			
		팔레오기(고제3기)			
		65.5			
	중생대	백악기		원생 누대	
		145.5			
		쥐라기			
		199.6			
		트라이아스기			
현생누대		251.0			
		페름기			
		299.0			
		석탄기			
		359.2			
	고생대	데본기			
		416.0			
		실루리아기			
		443.7			
		오르도비스기		시생 누대	
		488.3			
		캄브리아기			
		541.0			
원생누대	신원생대	1.000			
	중원생대	1.600			
	고원생대	2.500			
시생 누대	신시생대	2.800			
	중시생대	3.200			
	고시생대	3.600			
	초시생대	4.000			

출처: International Chronostratigraphic Chart, 2016

단위: 100만 년

지질 연대표

쥐라기는 약 2억 년 전~1억 5,500만 년 전까지의 시기, 백악기는 약 1억 5,500만 년 전부터 약 6,500만 년 전까지의 시기를 말한다. 〈쥐라기 공원〉의 주인공(?)격인 티라노사우루스Tyrannosaurus는 6,700만 년 전에서 6,500만 년 전까지 생존했으며, 벨로키랍토르Velociraptor도 마찬가지다. 둘 다 백악기 후기에 번성했던 공룡이다.

어쨌건 이 영화의 성공으로 공룡은 친근한(?) 이미지로 다가왔고 다양한 게임이나 영화로 거듭 제작되었다. 심지어 영화 〈트랜스포머: 사라진 시대Transformers: Age of Extinction〉2014에서 다이노봇이라고 불리는 공룡 로봇이 등장할 정도다. 영화나 게임에서는 공룡을 거대한 파충류 괴물처럼 묘사하지만 이는 공룡에 대한 오해를 불러온다. 공룡은 중생대 트라이아스기에 등장해 백악기에 멸종하기까지 1억 5,000만 년 이상 지구를 지배했다. 1억 5,000만 년은 엄청난 시간이다. 단지 500만 년 동안에 인간과 침팬지를 비롯한 다양한 유인원이 갈라져 나왔다는 것을 한번 생각해 보라. 얼마나 다양한 모습과 크기의 공룡들이 등장했을지 상상하기 힘들 정도다. 따라서 영화나 게임 속에 등장하는 티라노사우루스처럼 대부분의 공룡이 그런 모습을 하고 있다고 상상해서는 안 된다. 또한 지금 묘사되고 알려진 공룡의 모습도 정확한지 알 수 없다.

게임에서는 캐릭터를 만들고 키우는 재미가 쏠쏠하다. 사실 게임 제작사에서는 유저들이 캐릭터를 키우고 꾸미는 데 많은 돈을 쓰기를 원한다. 더 강한 캐릭터는 남들과의 대결에서 더 유리하므로 돈이 있는 유저들은 시간이나 노력을 들이는 방법보다는 구매를 선택한다.

공룡이란 어떤 생물일까?

공룡은 한자로 '恐龍'이라고 표시하고 영어로는 'Dinosaur'라고 한다. 공룡이라는 이름은 1842년 영국의 고생물학자 리처드 오웬이 제안했다. 오웬은 '무서운'이라는 뜻의 그리스어 'deinos'와 '도마뱀'이란 뜻을 지닌 'sauros'을 결합해 '무서운 도마뱀'이란 뜻을 담아 공룡이라고 이름 지었다. 오웬은 화석에 남겨진 거대한 이빨과 발톱 등을 보고 공룡이라는 이름을 제안했고 공룡에 대한 학계의 관심을 이끌어 내는 데 성공했다. 하지만 이런 이름 때문에 생긴 공룡에 대한 잘못된 이미지가 워낙 강해 최근까지도 이어지고 있을 정도다. 즉 파충류 이미지를 그대로 차용해 두꺼운 가죽 피부를 지닌 냉혈동물이었을 것이라는 잘못된 이미지를 갖게 된 것이다. 실제로는 깃털을 가진 공룡 화석도 많이 발견되었고, 공룡의 생태를 보면 온혈동물이었을 가능성이 더 크다.

영화나 만화는 또 다른 잘못된 상식(?)도 남겼다. 중생대를 누볐던 거대한 생물들을 모두 공룡으로 분류하게 만든 것이다. 하늘을 나는 익룡Pterosaurs, 수중에 사는 어룡Ichthyosaurs, 수장룡Plesiosaurs, 모사사우루스Mosasaurs 류는 공룡이 아니다. 이들은 진화 단계에서 공룡과 분리된 종이다. 즉 공룡이 별도의 생물 무리이듯 익룡이나 어룡, 수장룡, 모사사우르스도 별도의 생물 무리다. 머리 뒤쪽의 볏이 인상 깊은 프테라노돈이 익룡에 속하는데 중생대 하늘의 지배자로 불린다. 어룡은 돌고래와 비슷한 모양을 지녔다. 수장룡은 흔히 네스호의 괴수로 그려지며, 어룡처럼 물속에 살지만 물속에서 숨을 쉴 수는 없었다. 모사사우루스는 그 크기가 엄청나 해양의 티라노라 불릴 정도로 바다에서 최상위 포식자로 군림했다. 영화 〈쥬라기 월드: 폴른 킹덤Jurassic World: Fallen Kingdom〉2018에서 인도미누스 렉스가 모사사우루스에게 잡아먹히는 장면만 봐도 그 위력을 실감할 수 있다.

공룡은 현대의 파충류와 다르다. 영화나 게임에서는 공룡을 파충류 이미지 그대로 표현해 놓았다. 하지만 공룡은 다리가 몸 옆쪽에 달린 파충류와 달리 아래로 곧바로 뻗은 다리를 가지고 있다. 사실 트라이아스기에는 원시 파충류와 공룡이 경쟁하고 있었다. 이때 몸 아래로 곧게 뻗은 다리를 가진 공룡은 민첩함을 무기로 원시 파충류와의 경쟁에서 이길 수 있었고 백악기 말까지 400여 종의 공룡이 등장하며 지구의 지배자가 될 수 있었다.

어쨌건 분명한 사실은 공룡이 새의 조상이라는 점이다! 익룡은 새의 조상이 아니며, 날 수 있다는 점을 제외하면 익룡보다는 공룡이 새와 공통점이 더 많다. 특히 공룡의 일종인 시조새Archaeopteryx가 공룡과 새의 특징을 두루 지닌 생물로 거론된다. 시조새의 이름은 '고대의 날개'라는 뜻으로 새의 초기 형태로 보고 있다. 그렇다고 해서 새처럼 예쁘고 귀여운 이미지를 떠올리면 큰 오산이다. 시조새는 날카로운 이빨과 발톱을 지닌 육식 공룡의 특징을 지니고 있기 때문이다. 여러분이 맛있게 먹는 치킨의 조상이 한때는 인간의 조상을 사냥하고 다녔다는 것이 놀랍지 않은가?

벽화를 통해 본 강국
고구려

고구려 고분 벽화인 〈수렵도狩獵圖〉를 배경으로 말을 타고 자장면을 배달하며 "우리가 어떤 민족입니까?"라고 물었던 CF가 있었다. 대단히 인기를 끌었던 이 광고에는 우리가 어떤 민족인지또는 어떤 민족이기를 바라는지 잘 나타나 있다. 바로 만주를 호령하던 동북아시아 강국, 고구려의 후예이기를 바라는 것이다. 그리고 그러한 고구려의 흔적이 고스란히 담겨 있는 것이 바로 고구려 고분 벽화다.

영화 〈안시성〉2017에서 성주 양만춘조인성 분은 당나라 대군 앞에서도 결코 물러서지 않는다. 그는 "우리는 물러서는 법을 배우지 못했다"라고 외치며 군인과 성민을 독려해 수적 열세를 극복하고 전투에서 승리한다. 안시성 싸움처럼 우리에게 각인되어 있는 고구려의 모습은 북방의 강대국들과 어깨를 나란히 할 수 있는 강인함이다. 그래서 호랑이의 뒤를 쫓으며 사냥하는 모습을 담아 고구려인의 기상을 확인할 수 있는 〈수렵도〉가 CF에 등장할 만큼 유명한 것이다. 하지만 고구려의 벽화를 자세히 보면 그들의 강인함뿐만 아니라 뛰어난 문화와 과학기술을 엿볼 수 있다. 주변 국가의 문화를 수용하고, 과학기술을 활용할 줄 알았던 고구려의 포용적이고 실용적인 면모가 벽화에 잘 표현되어 있다.

우리의 역사를 통틀어 가장 뛰어난 무덤 벽화를 남긴 나라는 고구려다. 고구려 시대의 무덤 벽화가 유명해진 것은 무덤의 특성에서 기인한 바가 크다. 우선 무덤 벽화를 그리려면 벽화를 그릴 수 있는 공간이 있어야 한다. 고구려에서 흔히 볼 수 있는 굴식 돌방무덤은 커다란 방과 복도가 있어 벽화를 그릴 공간이 충분하다. 특히 무덤을 죽은 자의 방이라고 여겼던 고구려인들은 생전의 생활 모습이나 종교적 그림을 벽화로 남겼다. 그런데 굴식 돌방무덤은 형태상 입구가 노출되어 도굴범의 표적이 되기 쉽다는 단점도 있었다. 이러한 무덤의 구조는 내부에 있던 부장품들은 사라지고 벽화만 남는 데 한몫했고 고구려 하면 벽화만 떠오르는 안타까운 이유가 되었다.

고구려 벽화는 초기에 풍속화가 많고, 후기로 갈수록 종교적인 그림이 많다. 황해도 안악 3호분357년에 축조에는 부엌, 차고, 우물의 모습과 묘주를 호위하는 〈대행렬도大行列圖〉가 그려져 있다. 이 그림들을 통해 드넓은 영토를 관리하는 데 바탕이 되는 토목, 야금, 기계 등의 공학 기술이 발달했다고 생각할 수 있다. 〈대행렬도〉를 보면 수레에 탄 묘주를 호위한 악대와 개마 무사를 비롯한 250여 명의 사람들이 행진하고 있다. 그림의 구도와 행렬의 배치를 보면 〈대행렬도〉는 전체 행렬 중 일부만 그린 것으로 추정되는데, 아마도 전체는 500여 명에 달하는 거대 행렬이었을 것이다. 이런 대규모 행렬이 뒤엉키지 않고 지나가려면 폭넓은 도로가 잘 정비되었을 것이라 추측할 수 있다.

〈대행렬도〉뿐 아니라 우물 그림처럼 실생활을 그린 벽화에서도 고구려가 과학기술을 잘 활용했음을 엿볼 수 있다. 우물은 조선에서 흔히 볼 수 있었던 퍼 올리는 방식이 아니라 지렛대의 원리를 활용한 용두레 우물이었다. 이와 같은 공학 원리는 일상생활뿐 아니라 수·당의 침략을 막아 낼 수 있었던 튼튼한 성과 '동양의 피라미드'로 불리는 장군총과 같은 거대한 돌무지무덤을 만드는 데도 사용되었다.

무용총의 〈수렵도狩獵圖〉, 5세기 전반, 국립중앙박물관

고구려 벽화는 천체를 관측해 정확하게 남긴 천문 기록이기도 하다. 물론 고구려인은 중국의 별자리인 28수宿를 차용했지만 그것을 그대로 받아들이지는 않았다. 우리가 보는 하늘에 맞춰 새롭게 관측하고 수정해 중국보다 훨씬 정확하게 표시했다. 중국이 그저 벽면을 장식하기 위해 별자리를 그렸다면 고구려는 오늘날의 적도좌표계와 같은 원리로 정확한 위치에 별자리를 그렸다. 천구의 적도와 천구의 북극을 기준으로 천체의 위치를 표시했던 것이다. 고구려의 뛰어난 천체관측 기술은 현존하는 세계 최고의 고천문도인 조선의 〈천상열차분야지도天象列次分野之圖〉를 낳았다. 새롭게 건국한 조선은 고구려의 천문도를 바탕으로 이를 만들었던 것이다.

벽화로 남은 천체관측 자료는 중국의 주장과 달리 고구려가 독자적인 국가였다는 것을 보여 주는 중요한 증거다. 중국은 동북 공정을 통해 고구려가 중국의 지방정권이며 자신들의 역사라고 주장한다. 하지만 고구려가 중국의 천문도를 사용하지 않고 독자적인 관측을 통해 고구려의 하늘을 표현할 수 있었다는 것은 중국의 주장이 틀렸다는 것을 뜻한다.

고구려 고분벽화는 1,500년 이상의 세월을 견뎠지만 발굴 이후 100여 년 만에 심각하게 훼손되고 있다. 마치 강대국의 틈바구니에서 눈치를 볼 수밖에 없어 손상되고 있는 국민들의 마음처럼 벽면에서 떨어지고 있다. 우리나라 국민들이 고구려에 남다른 애착을 느끼는 이유는 단지 강대한 국가였기 때문이 아니라 포용성과 주체성을 지니고 화려한 문화를 꽃피웠기 때문일 것이다.

5. App 앱에

스마트폰으로 지진이

처음 가는 길도 친절히 알려 주는 너. 여러 가지 경고 메시지로 나의 안전을 지켜 주는 너. 외국인을 만났을 때는 통역사를 자처하는 너. 스마트폰. 너는 나의 전부다!

지진을 알려 주는
'지진 알리미'

지진의 발생과 안전

2016년 9월 12일 경주에는 우리나라 지진 관측 사상 가장 큰 지진이 일어났다. 나는 태어나서 가구가 그렇게 심하게 흔들리는 모습을 본 적이 없었다. 건물이 무너질 것 같은 공포감이 엄습했다.

경주 지진은 나를 비롯한 국민들에게 우리나라도 더 이상 지진의 안전지대가 아니라는 경각심을 일깨웠다. 이후 지진을 대비해 주민들은 대피 훈련을 했고, 문자로 빠르게 지진 경보가 오기 시작했다.

여기 지진에 대한 정보를 신속히 알려 주는 앱도 있다. 이름하여 '지진 알리미'.

지진은 왜 발생할까?

2010년 1월 12일 아이티에서는 규모 7.0의 강진으로 30만 명 이상이 죽거나 다쳤다. 그리고 그해 2월 27일에는 아이티보다 무려 800배나 더 강력한 규모 8.8의 지진이 칠레를 흔들었고, 3월 8일에는 터키가 규모 6.0의 지진으로 피해를 입었다. 그렇다고 유독 2010년에만 강진이 세계를 휩쓴 건 아니었다. 2011년 3월 11일에는 도호쿠 대지진으로 발생한 쓰나미로 후쿠시마 원자력발전소가 폭발해 전 세계를 원자력의 공포 속으로 몰아넣었다. 지진이 이렇게 연이어 발생하자 사람들은 영화 〈2012〉2009처럼 세상에 종말이 오는 것이 아닌지 두려워하는 일까지 생겼다. 하지만 지진학자들에 따르면 지진을 체계적으로 관측하기 시작한 100여 년간 지진 발생 빈도가 늘어나고 있다는 어떠한 증거도 없다. 단지 아이티 지진이나 도호쿠 지진처럼 지진의 피해가 방송을 타고 널리 알려져 마치 지진이 자주 일어나는 듯한 인상을 줄 뿐이다.

　최근 우리나라도 더 이상 지진의 안전지대가 아니라고 하지만 지진에 안전한 곳은 절대 있을 수 없다. 또 우리나라가 특별히 최근에 더 위험해진 것이 아니니 두려워할 필요도 없다. 지진이 잦아졌다며 전 세계를 파괴할 엄청난 지진이 발생할 수도 있다는 공포심까지 조장하는 것은 옳지 않다. 다만 언제든 지진은 일어날 수 있으니 대비해야 한다. 지진을 이렇게 두려워 하는 데는 지진 자체가 위력적이기도 하지만 언제 발생할지 알 수 없다는 점이 큰 비중을 차지한다. 그렇다면 지진 예보는 왜 그렇게 어려운 것일까?

연이어 들려오는 지진 소식에 많은 사람들이 세상의 종말까지 떠올리기도 하지만 지진은 상당히 흔한 자연현상의 하나다. 통계적으로 보면 1년에 <u>리히터 규모</u> 8.0 이상의 지진이 2~3회, 규모 7.0 이상인 경우는 20회, 규모 6.0인 경우는 100회 이상 발생한다고 알려져 있다. 따라서 규모 6.0인 지

> 리히터 규모: 1935년 미국의 지질학자 리히터가 제안한 것으로 지진의 세기를 절대적 수치로 나타낸 것. 리히터 스케일이라고도 한다. 리히터 규모 1이 커질 때마다 지진의 에너지는 약 32배 증가한다. 규모와 달리 진도는 정수인 로마 숫자로 표시한다.

진은 3~4일에 한 번 꼴로 일어나는 흔한(?) 지진인 셈이다. 다만 대부분 이러한 지진이 뉴스로 보도되지 않는 것은 사람이 거주하지 않는 지역에 일어났거나 큰 피해를 주지 않았기 때문이다. 땅이 자주 흔들리니 두렵다고 여길 수도 있지만 이것은 지구가 살아 있어서 나타나는 현상일 뿐이다. 지구는 탄생 이후 끊임없이 화산을 분출하고, 지진이 발생했다. 단 한순간도 조용히 잠잠했던 적이 없었다. 세상 만물이 변함없이 그대로 있을 것이라는 시각은 인간의 기준일 뿐이다.

지진은 단층면이 움직이면서 주변에 충격을 줄 때 일어난다. 단층면을 따라서 지층이 조금씩 움직이면 약한 지진이 생긴다. 단층에 에너지가 계속 축적되다가 갑자기 일순간 방출되면 큰 지진이 발생하는 것이다. 탄성반발설에 따르면 마치 용수철처럼 단층면에 힘이 작용해 변형이 일어났다가 일순간 에너지가 방출될 때 지진이

일어난다고 설명한다.

그렇다면 여러분은 단층면에 작용한 힘에 변형이 지속되어 탄성에너지가 축적되는 곳을 찾아내면 지진이 언제 일어날지 알 수 있을 것이라 여길 것이다. 물론 이론적으로는 맞지만 단층에 응력

응력(應力): 외부에서 힘이 작용해 생긴 내부 변형력

이 쌓이게 되면 서로 매끄럽게 미끄러지는 것이 아니다. 단층면은 임계점에 도달할 때까지 계속 탄성에너지를 축적하게 되는데 지하 수십 킬로미터 아래에 있는 암석의 임계점을 알아낸다는 것은 결코 쉽지 않다. 마치 나무젓가락에 힘을 계속 주면 언젠가는 부러진다는 것을 알지만 정확히 언제 부러질지 예측하기 어려운 것과 같다.

지진이 자주 발생하는 곳

지진을 정확하게 예측하는 것은 어렵지만 지진이 자주 발생하는 곳과 원인은 이제 알고 있다. 우리나라가 지진의 안전지대라고 할 수는 없지만 이웃 나라인 일본에 비하면 그나마 안전한 곳이라고 할 수 있다. 일본은 화산뿐 아니라 지진도 끊임없이 일어나는 곳이다. 그렇다면 우리나라와 일본은 어떤 차이가 있는 것일까?

이러한 차이를 이해하기 위해서는 지구 내부의 구조부터 알아야 한다. 지구는 지각과 맨틀, 외핵과 내핵으로 구성되어 있다. 지각이 하나의 거대한 덩어리로 이루어져 있다면 화산 폭발을 제외하고

는 지진이 발생하지 않을 것이다. 하지만 지각은 맨틀 위를 움직이는 여러 개의 거대한 판으로 구성되어 있다. 맨틀 위의 판에 지각이 떠 있는 구조이며, 맨틀의 대류로 판들은 움직인다. 맨틀은 짧은 시간 단위에서는 고체로 간주할 수 있지만 오랜 세월을 놓고 보면 마치 찹쌀 반죽과 같이 유동성을 가진다. 맨틀 대류에 의해 거대한 대륙이 이동하게 된다는 것을 앞에서 설명한 바 있다.

판의 이동으로 지진이 발생한다는 판구조론은 지진이 왜 특정 지역에서 많이 발생하게 되는지를 잘 설명해 준다. 즉 과거 대형 지진이 발생한 곳을 지도에 표시해 보면 판과 판의 경계 부분임을 알 수 있다. 따라서 판의 경계에 속하는 일본에는 지진이 자주 일어나지만 우리나라에는 지진이 드문 것이다.

아쉽게도 판구조론은 지진이 자주 발생하는 지역은 잘 설명하지만, 지진이 정확하게 언제 어느 지역에 발생하는지는 알려 주지 못한다. 앞에서 예를 든 나무젓가락이 부러지는 경우를 떠올려 보라. 나무젓가락의 경우처럼 단층에 힘이 가해져 암석의 변형이 일어나더라도 암석이 파괴되면서 지진이 발생하는 시점이 언제인지는 알 수 없다. 즉 지진의 메커니즘 자체는 복잡하지 않다 하더라도 각각의 단층에 존재하는 암석의 종류와 상태가 수백 가지 이상 되기 때문에 지진 예보가 어렵다. 지금도 산안드레아스 단층에서 계속 응력이 쌓이고 있지만 이 단층에서 언제 대형 지진이 터질지는 알 수 없다.

물론 나무젓가락이 부러지기 직전 갈라지는 소리가 나는 것처럼 지진도 전조 현상을 알아채면 예보할 수 있을 것이라고 생각할 수 있다. 지진이 일어나기 전에는 지하에서 라돈 가스가 방출되고, 우물의 물 높이가 갑자기 변하며, 전기전도도나 지자기에 이상이 발생하는 등의 전조 현상이 일어난다. 또한 암석의 팽창에 의해 P파의 지연 현상도 일어나는데 이를 이용해 지진 예보를 시도하기도 했다. 특히 재미있는 시도는 중국과 일본의 동물을 이용한 지진 예보다. 지진이 발생하기 전에 동물이 이상행동을 보인다는 것은 널리 알려진 사실이다. 그래서 중국은 동물 행동을 연구해 지진 예보에 활용했다. 1969년 톈진에서는 쥐가 날뛰고, 뱀이 굴속에서 기어 나와 도로에서 얼어 죽는 것을 보고 시민들에게 대피령을 내려 피해를 줄였으며, 1975년에 해청 지진이 일어났을 때 지진 대피령을 통해 피해를 줄였다. 하지만 1976년 탕산 지진에서는 아무런 전조 현상도 없어 25만 명의 사상자가 발생했다. 재미있게도 일본에서는 메기를 가지고 16년 동안 지진 예보 연구를 했는데, 그 정확도가 기대에 미치지 못하자 연구를 중단했다고 한다. 메기가 지진에서 발생하는 미세한 전기를 감지해 요동치는 현상을 연구한 것인데, 일본의 전설 중 거대한 메기가 진흙탕에서 몸부림을 치면 지진이 일어난다는 이야기와 무관하지는 않을 것이다. 이와 같이 동물을 비롯한 다양한 지진의 전조 현상 중 그 상관관계가 확실해 예보로 활용할 수 있는 것들은 아직 없다. 지진의 전조 현상은 몇 시간 전부터 몇 년 전까지 다양하게 나타나는데 그럴 경우 시간 차이가 너무 광범위해 정확한 시기를 예측하기 어렵다. 또한 전조 현상을 관측해 예보를 하는 데는 결정적인 문제점이 있다. 바로 전조 현상이 나타나는 장소를 미리 알 수 없다는 점이다. 전조 현상을 나타내는 곳을 알기 위해서는 지진이 일어나는 장소를 미리 알아야 한다. 하지만 많은 대형 지진이 예고 없이 찾아왔다.

그렇다고 지진학이 전혀 쓸모없는 학문이라는 뜻은 아니다. 수학적인 기법을 활용해 지진이 언제 일어날지 확률적으로 예측할 수 있기 때문이다. 즉 산안드레아스 단층의 특정 지역은 30년 내에 지진 발생 확률이 50퍼센트라는 정도의 예보가 가능한 것이다. 이러한 예보를 토대로 지진이 발생할 지역에 세워질 건축물에는 내진 설계를 해 피해를 줄일 수 있을 것이다. 또한 지진파의 전달 속도를 이용해 지진 발생 몇 초 전에 경보를 내릴 수는 있다. 지진파는 일반적으로 P파보다 S파가 더 큰 피해를 주는데, P파가 S파보다 1.75배 먼저 지면에 도달하기 때문에 그 시간 차이를 이용해 예보를 하는 것이다. 10초 내외의

> P파, S파: 지진이 발생했을 때 속도가 빨라 먼저 도달한 지진파를 P파(Primary wave), 두 번째로 도달한 파를 S파(Secondary wave)라고 한다. P파는 고체, 액체, 기체 상태의 물질을 모두 통과하지만 S파는 고체 상태의 물질만 통과할 수 있다.

짧은 시간을 대수롭지 않게 생각할 수도 있지만 이 정도 시간이면 차를 멈추거나 책상 밑으로 피할 시간은 되기 때문에 반복적인 훈

련으로 지진 피해를 줄일 수 있을 것이다. 아쉽겠지만 앞으로 한동안은 이 정도 지진 예보로 만족해야 할 듯하다.

지진은 언제 어느 곳에서든 일어날 수 있으므로 그에 대한 대비가 필요하다. 지진 대피 훈련뿐 아니라 지진을 대비한 건물 설계가 필요하다. 그중에서 건물이 지진을 견디게 하는 내진 설계는 매우 중요하다. 엄청난 사상자를 낸 대부분의 지진을 보면 지진 자체로 인한 피해보다는 무너진 건물에 깔려서 다치거나 죽는 사람이 많았다. 20세기 최악의 지진으로 불리는 중국 탕산 지진이 그랬고, 아이티 지진도 마찬가지였다. 이런 이유 때문에 지진 경보가 울리면 즉시 책상이나 탁자 밑으로 들어갔다가 흔들림이 멈추면 신속하게 건물에서 나와 운동장으로 나가야 한다.

바다에도 날씨가?
'바다 날씨'

✖

파도와 태풍

집 밖으로 나가려면 항상 날씨를 살펴야 한다. 하지만 바닷가에 놀러 가려면 날씨 외에 살펴야 할 것이 하나 더 있다. 바로 '바다 날씨'라는 것. 바다 날씨라고 해서 특별히 다를 건 없을 거라 생각할 수도 있지만 육지와 바다의 날씨는 다른 것이 있다.

내륙에서는 기온이나 강수 유무만 알면 생활하는 데 크게 불편함이 없지만 바다에는 바닷물이 있다.

바다 날씨를 제대로 살피지 않고 해수욕이나 낚시를 즐겼다가 파도나 해일에 휩쓸리는 위험한 일을 겪을 수도 있다. 이런 사고를 막기 위해서는 바다에 대한 이해가 필요하다. 앱 '바다 날씨'는 어떤 항목의 예보를 제공할까?

'바다 날씨'에서 제공하는 것들

바다 날씨를 포함해 날씨에 대한 모든 정보는 기상청에서 제공한다. 기상청의 사이트를 직접 접속하거나 '바다 날씨' 앱을 깔아 보자. 앱을 실행시키면 바다 예보, 일본 파고, 물때표, 수온 예보, 미국 파

> 파고: 파도의 마루에서 골까지의 높이를 말한다. 진폭의 두 배다.

고, 강수량, 기상특보, 한국 파고, 서핑 파고 등의 정보를 볼 수 있다. 이와 같이 '바다 날씨'는 단순히 기온이나 강수량 등 날씨 정보 외에도 바닷물의 상태에 대한 정보를 확인할 수 있어, 낚시나 서핑 등 해양 스포츠를 즐기려는 사람들에게 필수적인 앱이다.

'바다 날씨'에서는 기상청에서 제공한 해안 지역의 관측 자료와 함께 다양한 정보를 볼 수 있다. 바다 날씨에서 제공하는 정보도 일기예보와 마찬가지로 기온, 기압, 풍향, 풍속 등의 자료를 측정해서 이를 바탕으로 한다. 기상청에서는 이러한 정보를 얻기 위해 부이와 등표에 측정 기기들을 설치해 실시간 데이터를 수집한다.

부이buoy는 고깔 모양으로, 바다에 띄워 놓은 관측 기기다. 물에 뜨는 부이의 특성상 바닥에 고정시켜 놓지 않으면 물의 움직임에 따라 이동하기도 한다. 이렇게 바다에 떠서 물의 움직임에 따라 이동하는 것을 표류 부이라고 한다. 이와 달리 배를 고정시키듯 체인에 닻을 매달아 같은 자리에 고정시켜 놓은 것은 고정 부이라고 한다. 등표light beacon는 해상에서 위험한 암초나 수심이 얕은 곳, 항행 금지 구역 등을 표시하는 항로 표지다. 도로 표지판이나 경고 등이

도로의 각종 정보를 알려 주듯 등표는 선박의 항해에 필요한 정보를 제공한다. 특히 암초에는 등표를 설치해 선박의 좌초를 방지함과 동시에 그 위험을 표시한다. 해안의 등대는 사람이 상주하면서 관리를 하지만 등표는 무인 등대 시설이다. 또한 부이와 등표에는 자동 기상관측 장비AWS, Automatic Weather System가 설치되어 풍향과 풍속은 물론 기온, 습도, 기압을 측정할 수 있다. 이렇게 수집된 데이터를 바탕으로 기상청에서는 바다 날씨를 제공한다.

바다 날씨가 중요한 것은 변덕스러운 변화 때문이다. 특히 갑자기 불어닥친 거센 파도는 해안의 사람들과 조그만 배에 의지해 낚시를 하던 사람들에게는 큰 위협이 될 수밖에 없다. 앞에서 이야기했듯이 바다 날씨에서 특히 관심을 가져야 할 것은 바닷물의 상태다. 만일 풍랑 주의보가 발령되었다면 낚시는 물론 해안가로 나가는 일조차 삼가야 한다. 바다는 육지와 달리 그리 호락호락하지 않기 때문에 이런 주의보를 무시했다가는 자칫 조난으로 이어져 큰 사고를 겪기도 한다. 영화 〈퍼펙트 스톰The Perfect Storm〉2000처럼 거대한 폭풍이 일어날 때만 위험한 것이 아니다. 풍랑 주의보는 2004년 이전에는 파랑주의보라고 불렀다가 지금은 풍랑 주의보라는 이름으로 바꿔 부른다. 심하게 바람이 불 때 파도가 거세게 몰려오는 것을 보면 바람과 파도가 서로 연관이 있다는 것은 어렵지 않게 알 수 있을 것이다. 바람이 파도를 만들어 내는 것은 맞지만 그들 사이의 관계가 그렇게 단순하지만은 않다. 일단 파도가 형성되려면 바람이 불어야 한다. 이때 바람이 얼마나 세게, 오랫동안 그리고 지속적으로 부는지에 따라 파도의 세기는 달라진다. 파도라고 쉽게 부르지만 이제 좀더 정확하게 풍랑과 파랑이 어떤 차이가 있는 한번 알아보자.

파랑wave, 波浪은 바닷물 표면에서 일어난 파동을 말하는데, 흔히 파도와 비슷한 뜻으로 사용하기도 한다. 파랑을 만드는 것은 바람이나 기압 차이, 달과 태양의 인력, 지진이나 화산에 의한 지각변동 등 여러 가지가 있다. 풍랑wind wave, 風浪이라는 말은 바람에 의해 파도가 만들어졌을 때를 부르는 말이다. 대부분의 파도는 바람에 의해 생기는 풍랑이 많지만 때로는 기압 차이에 의해서도 만들어진다. 바다에 고기압과 저기압이 형성되면 수면을 누르는 압력에 차이가 생긴다. 고기압이 형성되면 바닷물 표면을 누르는 압력이 생기고 주변의 기압이 낮은 곳보다 수면이 내려갔다가 올라가는 진동이 생겨 파동이 만들어진다. 이렇게 생긴 파도를 너울swell이라고 한다. 풍랑과 너울이 해안으로 전해지면서 파동이 부서지면서 만들어지는 파도를 쇄파surf 또는 연안 쇄파라고 부른다. 이와 같이 파랑은 모양에 따라 너울과 쇄파로 구분하기도 한다.

기상청에서는 '해상에서 풍속 50.4km/h(14m/s) 이상이 3시간 이상 지속되거나 유의 파고가 3미터 이상이 예상될 때' 풍랑 주의보를 발령한다. 또한 '해상에서 풍속 75.6km/h(21m/s) 이상이 3시간 이상 지속되거나 유의 파고가 5미터 이상이 예상될 때'는 풍랑 경

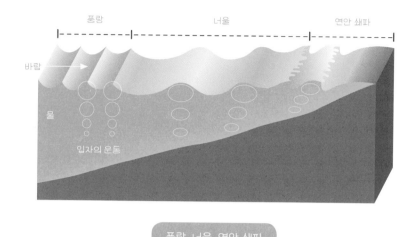

풍랑　　　너울　　　연안 쇄파

바람

물

입자의 운동

풍랑, 너울, 연안 쇄파

보를 발령하게 된다. 먼 바다에서 일어나는 물결이나 해안가의 물결 모두 통칭해서 파도라고 부르지만 엄밀하게는 이렇게나 다르다.

물때는 왜 규칙적일까?

바다는 풍랑이 일지 않는다고 무조건 안전한 것도 아니다. 폭풍해일 경보를 발령하면 역시 해안에서 대피해야 한다. 기상청은 '천문조, 폭풍, 저기압 등의 복합적인 영향으로 해수면이 상승해 발효 기준값 이상이 예상될 때' 폭풍해일 경보를 발령한다. 해일은 밀물과 썰물, 먼 바다의 폭풍, 저기압 등으로 발생해 해안가에는 풍랑이 없더라도 갑자기 큰 파도가 생길 수 있다. 해수의 표면에서 발생한 물결은 일종의 파동으로 서로 겹쳐서 더욱 커지기도 한다. 이를 보강 간섭이라고 하는데, 파도의 마루와 마루가 겹치면 진폭이 커지는 현상이다. 보강 간섭에 의해 잔잔한 바다에서 갑자기 파고가 높은 해일이 발생해 피해를 주기도 한다.

복합적인 요인 중의 하나인 천문조는 천체들에 의해 해수면의 높이가 변하는 것을 말한다. 천체에 의해 바닷물의 높이가 변한다고 표현하면 어렵게 느껴질지 모르겠지만 쉽게 말하면 밀물과 썰물을 일컫는 말이다. 해안에서 물의 흐름 중 중요한 것은 밀물과 썰물이다. 대양에서는 밀물과 썰물을 느끼기 어렵지만 해안에서는 조수 간만의 차이에 의해 갑자기 갯바위에서 고립될 수도 있기 때문에 이를 잘 알아야 한다. 바닷가에서는 하루에 두 번씩 밀물과 썰물이 생긴다. 해안가 어부들이나 조개 등의 어패류를 캐는 사람들에게는 물때라고 하는 밀물과 썰물 시간이 매우 중요하다. 특히 서해와 같이 육지로 둘러싸인 바다인 경우 간만의 차이가 커서 썰물 때는 갯벌이 드러나지만 밀물 때는 바닷속으로 잠겨 버리므로 물때를 모르면 위험한 상황에 처할 수도 있다.

천문학적인 요인에 의해 밀물과 썰물이 일어난다는 것을 직접 느끼기는 어렵겠지만 달에 의해 지구의 밀물과 썰물이 생긴다. 지구와 달 사이에는 만유인력이 작용한다. 만유인력으로 지구와 달은 무게 중심을 중심으로 서로 공전을 하게 된다. 흔히 지구 주위를 달이 공전한다고 말하는데 이것은 지구의 질량이 달에 비해 훨씬 커서

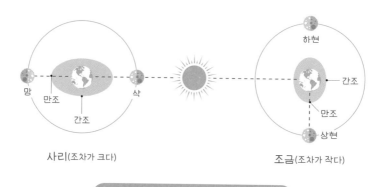

사리(조차가 크다)　　　　　　　　　　조금(조차가 작다)

사리와 조금일 때 태양, 지구, 달의 위치

그렇게 보이는 것일 뿐이다. 우주에 존재하는 모든 천체들은 무게중심을 중심으로 서로 공전한다. 어쨌건 이로 인해 바닷물은 자전 때문에 생기는 원심력과 달의 인력이라는 두 가지 힘을 받는다. 달이 있는 쪽의 바닷물은 인력이 커서 볼록해지고, 달의 반대쪽은 원심력이 커서 볼록해진다. 그리고 달과 90도인 지점의 바다는 물이 빠져나가 오목해진다. 이렇게 2개의 볼록과 오목은 항상 그 자리에 있다. 하지만 지구가 자전하면서 하루에 두 번씩 볼록과 오목이 되는 지점이 변해 밀물과 썰물이 생기게 된다. 밀물과 썰물의 주기를 조석 주기라고 하는데 약 12시간 25분이다. 즉 밀물과 썰물은 하루에 두 번 일어난다는 것이다.

　지구의 바닷물은 사실 만유인력 때문에 우주의 모든 천체의 영향을 받는다. 이렇게 천체가 밀물과 썰물을 일으키는 힘을 기조력이라고 한다. 기조력은 만유인력에 의한 것이므로 거리의 제곱에 반비례해서 전달될 뿐 그 영향력이 사라지지는 않는다. 하지만 거리가 멀어지면 천체가 아무리 무거운 질량을 가지고 있어도 그 영향은 무시할 정도가 된다. 그래서 밀물과 썰물은 가장 가까운 천체인 달의 영향을 가장 크게 받는데, 태양은 달보다 멀리 떨어져 있지만 질량이 커서 달 다음으로 큰 영향을 준다. 따라서 달과 태양이 일직선상에 있게 되면 <u>조석력</u>이 최대가 되므로 밀물과 썰물의 차이인 조차가 최대가 된다. 이를 사리라고 하고 사리에서 7~8일 정도 지나면 조차가 최소인 조금이 된다. 즉 보름달이 뜨면 밀물과 썰물 차이가 크기 때문에 그것을 잘 알고 해안가에 나가야 한다.

> 조석력(潮汐力): 두 천체 사이의 만유인력으로 인해 해수면의 높이 차이를 일으키는 힘. 기조력이라고도 한다. 달이 태양의 두 배다.

✖
느낌 있는
지구과학 실험

계란을 삶아서 껍질을 깐다. 유리병에 뜨거운 물을 넣고 흔들어 병 속을 따뜻한 공기로 채운다. 또는 성냥이 있다면 불을 붙인 후 넣어도 된다. 그런 다음 계란을 병 입구에 올려 놓으면 잠시 후 계란이 마법처럼 쏙 하고 병 안으로 빨려 들어간다. 병이 식으면서 병 속 공기의 부피가 줄어들어 기압이 낮아지고 병 밖의 대기압에 의해 계란이 밀려 들어간 것이다. 계란을 빼내고 싶다면 계란을 병 입구 쪽으로 오게 한 후 입으로 병 안에 공기를 불어 넣어 보자. 병 속의 기압이 높아져 밖으로 밀려 나온다.

앱으로 누워서 우주여행
'Star Walk 2'

✖

천체관측

여행이나 항해를 할 때는 지도가 필요하다. 목적지가
어디에 있는지 지도를 보고 정확하게 알아야 길을
제대로 찾아갈 수 있다.

마찬가지로 별이나 행성 같은 천체를 관측할 때도
지도가 필요하다. 천체의 위치를 표시한 지도를
성도星圖라고 한다. 그러나 성도가 손안에 있어도
천체의 위치를 찾는 일은 쉽지 않다. 하늘은 심지어
움직인다!

하지만 'Star Walk 2' 같은 앱을 사용하면 지금
내 위치를 기반으로 하늘의 지도를 보여 준다.
이제 별자리 찾기도 누워서 떡 먹기만큼 쉬운 일이
되었다.

별을 어떻게 찾을까?

1년을 주기로 동일한 시각, 동일한 위치에서는 똑같은 별을 관측할 수 있다. 이를 옛날 사람들도 알고 있었다. 수년에서 수십 년에 걸쳐 꾸준히 하늘을 관찰해서 알아냈기 때문이다. 별이 매일 밤낮으로 뜨고 지는 것은 하루만 쳐다봐도 쉽게 알 수 있다. 하지만 그 이외의 것을 알아낸다는 것은 많은 노력과 훈련이 필요했다.

사실 하루 동안 별을 관찰하는 것은 태양이나 달의 움직임을 관찰하는 것보다 더 어렵다. 태양이나 달에 비해 별이 어둡고 그 수가 많아 찾기 어렵기 때문이다. 그래도 하루의 움직임을 관찰하는 것은 동일한 위치에서 꾸준히 별을 쳐다보면 되는 일이니 1년의 주기를 가진다는 것을 알아내는 것에 비하면 훨씬 쉽다. 별이 1년 주기로 같은 위치에 온다는 것을 알아내려면 매일같이 같은 위치와 시각에서 별의 위치를 살펴야 한다. 또한 매일 관측한 기록을 남겨서 별이 같은 위치에 오는 날을 찾아야 별이 움직이는 주기를 알 수 있다. 즉 1년의 주기가 있다는 사실을 알아내는 일은 최소한 1년 이상의 시간을 꾸준히 관측해야 하는 힘든 일이다.

별이 매일 뜨고 지는 것은 지구가 자전하기 때문이며, 1년을 주기로 별이 같은 위치에 오는 것은 지구의 공전 때문에 일어나는 현상이다. 하지만 고대 사람들에게 그 이유는 별로 중요하지 않았다. 어차피 하늘의 모든 움직임은 신에 의한 것이라 다른 이유는 생각하지 못했을 것이다. 중요한 것은 1년을 주기로 동일한 위치에서 볼 수 있는 별의 위치가 아니었다. 그 별들 사이를 움직이는 행성의 움직임이 중요했다. 행성의 움직임은 매년 위치가 달라지기 때문에 신의 뜻을 살펴 미래를 예견하는 데 중요했다. 1년을 주기로 항상 같은 위치에서 관측할 수 있는 별은 항성恒星, fixed star이라고 한다. 물론 항성들도 엄밀하게는 항상 같은 위치에 있는 것은 아니다. 그러나 눈으로 관측해서는 그 차이를 알아낼 수 없을 정도로 변화가 적다. 이와 달리 행성은 별 사이를 이동해서 움직인다는 것을 분명히 알 수 있어 이러한 별들은 행성行星, planet 또는 떠돌이별이라고 불렀다. 행성은 별이 아니지만 고대에는 그러한 사실을 알 수 없었기 때문에 움직이지 않는 별과 움직이는 별이라는 의미의 항성과 행성으로 분류했던 것이다.

고대인들은 자신이 알고 있던 신화를 토대로 별자리를 만들었다. 그래서 별자리 이름에 신화 속 인물의 이름이 많다. 하지만 같은 별을 두고 각 문화권에서 저마다 다른 이름을 붙여 부르면 혼란을 줄 수 있다. 그래서 1919년 설립된 국제천문학연맹IAU, International Astronomical Union은 1928년 총회에서 88개의 별자리 이름을 정해서 사용하기로 정했다. 또한 별자리에 포함된 별의 이름을 정하는 방법은 1603년 독일의 천문학자인 요한 바이어가 1603년《우라노메트리아Uranometria》라는 천체 지도에서 발표한 방법을 사용한다. 바이어 명명법Bayer designation에 따르면 별자리에서 가장 밝은 별을 알파$^\alpha$, 그 다음으로 밝은 별들은 베타$^\beta$, 감마$^\gamma$, 델타$^\delta$… 순으로 이름

붙인다. 예를 들면 켄타우루스자리Centaurus에서 가장 밝은 별은 'α Centauri'로 표시하며 '알파 켄타우리' 혹은 '켄타우루스자리의 알파'라고 읽는다. 'Centauri'는 'Centaurus'의 소유격으로 켄타우루스자리에 속한 알파별이라는 의미가 된다. 하지만 바이어가 별을 명명할 당시에는 **별의 밝기**를 정확하게 측정할 기술이 없었기 때문에 알고 보니 알파별보다 다른 별이 더 밝은 경우도 있다. 현재

> 별의 밝기: 별의 밝기는 겉보기등급과 절대등급으로 표시한다. 겉보기등급은 맨눈으로 본 별의 밝기이며, 절대등급은 별을 10파섹(pc)의 거리에 두고 나타낸 밝기이다.

88개의 별자리 중 알파별이 가장 밝은 것은 58개다.

그렇다면 별의 위치는 어떻게 나타낼까? 별은 천구天球라고 하는 가상의 반구형 하늘에 붙어 있는 것처럼 보인다. 이는 관측자의 시야를 무한히 넓혔을 때 보이는 하늘의 모습으로 실제로 천구가 존재하는 것은 아니다. 별의 위치는 천구상에서 기준과 방향을 정해서 표시한다. 기준을 정하기 위해 천구에는 특별한 지점에 이름이 붙어 있다. 우선 관측자가 보는 하늘 꼭대기를 천정이라고 하며, 관찰자의 지평면을 확장해 천구와 만나는 지점은 지평선이라고 한다. 그리고 지구의 자전축을 연장해서 북쪽과 만나는 지점은 천구의 북극, 남쪽은 천구의 남극이라고 한다. 천구의 북극과 가장 가까운 지평선 지점은 북점이라고 하며, 천구의 남극과 가까운 지점은 남점이다. 이렇게 방향을 설정해 놓고 나면 이를 기준으로 별의 위치를 표시할 수 있다.

스마트폰으로 지진이

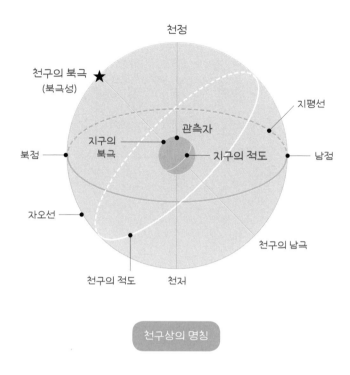

천정

천구의 북극
(북극성) ★

지평선

관측자

지구의
북극

북점

지구의 적도

남점

자오선

천구의 남극

천구의 적도

천저

천구상의 명칭

별자리판은 가라

천구상에 별의 위치를 표시하기 위해서는 두 가지 좌표만 있으면 된다. 실제로 별은 공간에 분포해 있지만 앞에서도 이야기했듯이 천구 표면에 붙어 있는 것같이 보여서 2차원으로 표시가 가능하기 때문이다. 즉 공간에서 물체의 위치를 표시할 때는 3개의 좌표가 필요하지만 천구는 표면에 별이 분포하는 것으로 가정하므로 마치

2차원처럼 2개의 좌표만으로도 위치를 표시할 수 있다. 이때 사용하는 2개의 좌표는 방위각A과 고도h다. 방위각은 북점으로부터 시계 방향으로 측정한 별의 각도이며, 고도는 지평선으로부터 측정한 별의 높이다. 만일 어떤 별의 방위각이 145°, 고도가 50°라고 한다면 북쪽으로부터 145°인 지점의 지평선에서 50° 고도의 하늘을 관측하면 별을 찾을 수 있다. 이렇게 천체의 위치를 표시하는 방식을 지평좌표계Horizontal coordinate system라고 한다. 지평 좌표계는 관측자를 기준으로 표시한 것이므로 관측자의 위치에서 별을 직관적으로 쉽게 찾을 수 있다는 장점이 있다. 하지만 천체의 위치가 계속 변하기 때문에 관측 시간과 장소가 달라지면 사용할 수 없다는 단점이 있다.

지평좌표계와 달리 천구상에서 별의 위치를 기준으로 표시한 것을 적도좌표계Equatorial coordinate system라고 한다. 적도좌표계는 춘분점과 천구 적도를 기준으로 적경α과 적위δ로 천체의 위치를 표시하는 방법이다. 적경은 춘분점을 기준으로 시계 반대 방향으로 0~24h시로 표시한다.

> 춘분점: 태양이 천구의 적도와 만나는 두 지점(춘분점과 추분점) 중 한 점. 태양이 동지점에서 하지점으로 이동 중 천구의 적도와 만나는 점이 춘분점이며 3월 21일경이다.

적위는 천구 적도를 기준으로 북반구에 있는 천체는 0~+90°, 남반구에 있는 천체는 0~-90°로 표시한다. 적도좌표계는 천구의 지점이 기준이므로 관측자의 위치에 상관없이 천체의 위치가 변하지 않는 고유한 값을 갖는다. 하지만 천구상에 춘분점과 천구 적도를 알 수 없으므로 관측자가 이를 보고 별을 찾기 어렵다.

성도에는 천체의 적경과 적위가 표시되어 있는데 이를 가지고 밖에서 천체를 한번 찾아보면 쉽지 않을 것이다. 그래서 천체의 위치를 찾기 위해서는 대표적인 계절의 별자리를 우선 익혀 두고 이를 기준으로 주변의 별자리를 찾고 원하는 별을 찾는 방식으로 천체를 관측한다.

성도보다 조금 더 편리하게 만들어 놓은 것이 별자리판이다. 별자리판은 관측하는 날짜와 시간에 맞춰 눈금판을 돌리면 그에 맞는 하늘의 모습을 보여 준다. 별자리판은 흥미롭게도 일반 지도와 달리 동쪽과 서쪽의 방향이 반대로 되어 있다. 지도는 하늘에서 내려다본 모습이고, 별자리판은 지상에서 하늘을 쳐다본 모습이기 때문에 동쪽과 서쪽이 서로 반대로 표시되어 있는 것이다. 별자리판은 성도보다는 보기 편리하지만 그래도 일일이 맞춰야 하고, 조명에 없는 어두운 곳에서 잘 보이지도 않는다.

최근에는 PC용 천문 소프트웨어를 이용하거나 'Star Walk 2' 같은 스마트폰 앱을 이용하면 편리하다. 특히 스마트폰용 앱은 스마트폰이 스스로 현재의 위치를 인식하므로 편리하게 천체의 위치를 찾을 수 있다. 나침반과 성도를 들고 손전등으로 일일이 위치를 확인하면서 별을 찾는 시대는 지나간 것이다. 스마트폰 앱은 위치만 찾아 주는 것이 아니라 천체에 대한 정보도 제공하므로 궁금한 것은 즉시 찾아볼 수도 있다. 또한 스마트폰의 촬영 기능을 이용하면 다양한 천체 사진도 찍을 수 있다.

고대의 천문학자들은 맨눈으로도 훌륭하게 천체를 관측하고 자료를 남겼다. 하지만 현대에는 천체를 연구하는 데 망원경은 필수 장비다. 물론 전문적으로 연구하려면 고가의 거대한 망원경이 필요하지만 그런 것이 아니라면 이젠 일반인들도 취미로 천체관측을 즐길 수 있을 만큼 망원경이 일반화되었다. 망원경을 구입했다고 무턱대고 밖으로 나간다 해도 원하는 천체를 찾는 것은 쉽지 않다. 그래서 요즘엔 망원경과 스마트폰 앱을 연동시켜 앱으로 천체를 찾아서 관측할 수 있도록 도와주기도 한다.

스마트폰으로 보는
지질 박물관

✖

지질

조상들이 어떻게 살아왔는지 궁금하다면 어디로
가야 할까? 조상들의 유물과 삶의 양식을 전시해 둔
역사박물관으로 가야 한다.

그렇다면 지구의 역사를 알고 싶으면 어디로 가야
할까? 정답은 바로 지질 박물관이다. 지질 박물관에
가면 공룡을 비롯한 다양한 생물의 화석을 볼 수
있고, 지질에 대한 정보도 얻을 수 있다.

박물관에 가면 '지질 박물관 닥터G'라는 스마트 폰
앱을 이용해 땅의 기록, 트릭 아트, 공룡 뼈 조각
찾기 등 다양한 체험도 할 수 있으니 다운 받아서 한번
즐겨 보자!

인간의 역사와 지구의 역사

과거 우리의 조상이 어떤 삶을 살았는지 어떻게 알 수 있을까? 우선 기록이 남아 있다면 그 기록을 토대로 당시의 삶을 추정해 볼 수 있을 것이다. 이렇게 기록이 남아 있는 시대를 역사시대라 한다. 하지만 인류의 조상이 지구에 등장해 기록을 남긴 시기는 극히 일부다. 약 20만 년 전 현생 인류가 등장해서 오늘에 이르는 대부분의 시간 동안 인간은 문자 없이 살았다. 이 시대를 선사시대라고 한다.

선사시대 이전 지구의 역사를 지질시대라고 한다. 지질시대에 비하면 인류의 역사는 찰나일 뿐이라고 할 수 있다. 지구를 비롯한 태양계의 행성들은 어느 별의 잔해에서 46억 년 전 태어났다. 지구는 별의 죽음에서 태어난 자식인 셈이다. 46억 년 전 지구의 모습은 지금과 사뭇 달랐다. 원시 지구는 태양계 주변을 떠돌던 수많은 조각들이 중력을 받아 서로 뭉치고 충돌하면서 성장해 나갔다. 수시로 떨어지는 운석의 충돌 에너지로 원시 지구의 표면은 불지옥을 떠오르게 할 정도로 온통 용암으로 가득했다. 태양계 행성이 식어 표면이 점차 딱딱하게 굳어져서 오늘날 지구의 모습이 된다.

그렇다면 과거 지구의 모습을 어떻게 알아낼 수 있을까? 인간의 역사가 궁금하면 과거 유물이나 고대 문자를 해독한다. 마찬가지로 지구의 역사를 알아내기 위해서도 과거의 기록을 살펴보면 된다. 단지 그 기록이 사람이 남긴 것이 아니라 지구가 땅속에 남겼다는 것이 다를 뿐이다. 46억 년이나 되는 지구 역사의 비밀은 땅에 담긴 것이다. 사실 지질학은 땅속에서 시간을 찾는다고 할 정도로 화석이나 땅의 시간을 밝혀내는 것이 중요하다. 땅속에 기록된 시간의 역사를 알아내는 것, 그것이 바로 지질학이다.

지구의 나이를 알아냈다고 처음 주장한 사람은 영국의 신부였던 어셔 주교다. 1650년대에 그는 성서를 바탕으로 기원전 4004년 10월 23일 세상이 창조되었고 지구의 나이가 6,000살 정도라고 주장했다. 성경을 믿는 사람들의 입장에서는 대단히 박식했던 어셔 주교의 주장이 옳다고 믿었다. 무엇보다 성경이라는 종교적 권위에 기대고 있었기에 이에 의문을 품고 이의를 제기하기란 쉽지 않았다.

어셔와 비슷한 시기에 뉴턴은 지구와 비슷한 크기의 쇠공이 식는 데 6,000년보다는 훨씬 더 긴 시간이 필요할 것이라고 여겼다. 뉴턴의 생각을 실험으로 옮긴 것이 프랑스의 박물학자 뷔퐁이다. 그는 실제로 쇠구슬을 불에 달군 후 식는 시간을 측정해 지구 크기의 쇠공이 식는 시간을 추정해 냈다. 지구의 나이를 추정하기 위한 최초의 실험을 통해 뷔퐁은 지구의 나이가 7만 5,000년이라고 주장했다. 물론 실제 지구 나이에 비하면 턱없이 부족했지만 실험을 통해 나이를 추정하려고 했다는 것에 중요한 의미가 있었다.

18세기 후반이 되자 지질학과 박물학 등 자연과학의 발전에 힘입어 과학자들은 더 이상 어셔 주교의 주장을 믿지 않았다. 영국의 지질학자 제임스 허턴을 비롯한 지질학자들은 지구의 나이가 고작 6,000살이라면 지질학적 변화를 설명하기 어렵다고 여겼다. 허턴의 동일과정설에 따르면 현재를 보면 과거 지구의 역사를 알 수 있다. "현재는 과거의 열쇠다"라는 말로 표현되는 허턴의 주장은 과거에도 지금과 같은 지질 변화가 일어났을 것이므로 이를 토대로 지구의 나이를 추정할 수 있다는 것이다. 이 원리를 토대로 오늘날 지구의 나이가 46억 살이라는 것을 알아낼 수 있었다. 그래서 허턴을 지질학의 아버지라고 부른다.

지층을 구성하는 광물과 암석

지질학은 지형이나 지층만 연구하는 것이 아니라 지층을 이루는 암석과 광물에 대해서도 연구한다. 지구의 고체 부분을 구성하는 지각은 암석으로 이루어져 있다. 암석은 일상용어로는 돌이나 바위라고 말하지만 과학적으로는 '자연에서 만들어진 무기물로 된 단단한 덩어리'라고 한다. 암석은 생성 원인에 따라 화성암, 퇴적암, 변성암 세 가지로 나눈다.

화성암은 말 그대로 불에 의해 생성된 암석이라는 뜻이지만 정확하게는 열과 압력에 의해 만들어진 암석이다. 지하에서 열과 압력으로 생성된 마그마가 식어서 만들어진 것이 화성암이기 때문이다. 화성암은 마그마가 식어서 생성되기 때문에 냉각 속도에 따라 화산암과 심성암으로 구분한다. 화산암은 마그마가 분출되어 빠르게 식어 입자가 작거나 없는 암석이며 심성암은 지하에서 천천히 식어서 암석을 이루는 광물 입자의 결정이 크다. 현무암의 알갱이가 매우 작은 것은 화산암이기 때문이며, 반대로 화강암의 입자가 큰 것은 심성암이라 입자가 성장할 시간이 있어서다.

퇴적암은 진흙이나 모래, 자갈 등이 쌓여서 만들어진 암석이다. 진흙이 퇴적되어 만들어지면 셰일, 모래는 사암, 자갈과 모래가 굳으면 역암이 만들어진다. 퇴적암은 퇴적될 때 층층이 쌓이기 때문에 암석에서 평행한 줄무늬를 볼 수 있는데, 이를 층리라고 한다. 퇴적암이 만들어질 때 입자들이 물에 운반되어 퇴적되는 동안 가끔 죽은 생물체도 같이 운반되어 굳기도 한다. 그래서 퇴적암에서는 진화를 연구하는 데 중요한 화석이 발견되기도 한다.

암석은 열이나 압력을 받으면 원래의 구조와 성질이 변하는데, 이를 변성암이라고 한다. 퇴적암인 사암이 변성작용을 받은 것이 규암이다. 사암은 모래를 뭉쳐 놓은 듯이 거칠고 푸석거리지만 규암은 유리처럼 광택이 나고 매우 단단하다. 변성암도 퇴적암처럼 줄무늬가 나타나기도 하는데, 이것을 엽리라고 한다. 퇴적암의 층리가 퇴적암이 층층이 쌓여서 만들어지는 것과 달리 엽리는 암석 속의 광물 입자가 압력을 받아 일렬로 배열되면서 줄무늬처럼 보이는 것이다.

생성 원인에 따라 화성암, 퇴적암, 변성암으로 구분하지만 이들 암석은 그대로 있는 것이 아니라 오랜 시간이 지나면 다른 암석으로 변하기도 한다. 이를 암석의 순환이라고 한다. 화성암이 풍화작용을 받아 잘게 부서져 호수에 쌓이면 퇴적암이 되고, 퇴적암이 열과 압력을 받으면 변성암이 되기도 한다. 또한 퇴적암과 변성암이 지하에서 열과 압력을 받으면 녹아서 마그마가 되기도 한다.

암석의 성질은 암석을 구성하는 알갱이인 광물에 따라 달라지기도 한다. 암석을 구성하는 광물은 현재 지구상에는 약 4,000여 종이 있는 것으로 알려져 있다. 이렇게 광물의 종류는 많지만 주변에서 흔히 볼 수 있는 암석을 구성하는 광물을 조암광물이라고 한다. 조암광물은 지각의 약 95퍼센트를 차지하며 나머지 광물은 조금씩만 있다. 석영, 장석, 흑운모, 각섬석, 휘석, 감람석이 대표적인 조암광물이다. 흔히 모래 알갱이처럼 흔하다고 할 때 그 알갱이가 바로 석영과 장석이다.

하지만 인간에게 광물은 단순히 암석을 구성하는 알갱이가 아니다. 사실 인류의 문명은 광물과 매우 밀접한 관련이 있다. 인류의 시대 구분만 봐도 석기, 청동기, 철기 등 어떤 광물을 다룰 수 있는지에 따라 나누고 있다. 인류는 암석에서 필요한 광물을 분류해 활용하는 방법을 꾸준히 연구해 첨단 문명을 이뤘다고 해도 과언이 아니다. 가장 흔한 광물인 석영은 화학적으로 보면 규소^{Si}와 산소 O로 되어 있어 규산염광물이라고 부른다. 규소라고 하면 생소할지 모르지만 영어명인 실리콘^{Silicon}은 많이 들어 봤을 것이다. 바로 반도체의 재료인 그 실리콘이다. 가장 흔한 광물이 디지털 문명을 이룩하는 데 가장 중요한 반도체의 재료가 된다.

지구를 흔히 규산염 행성이라고 부른다. 이것은 지구에 규산 SiO_2 화합물로 이루어진 암석이 가장 많다는 뜻이다. 지각을 구성하는 성분 원소는 산소, 규소, 알루미늄, 철, 칼슘, 나트륨, 칼륨, 마그네슘 순으로 많다. 이 8대 원소가 지각의 98퍼센트를 차지하며 그중 산소가 46.6퍼센트로 가장 많다. 우리는 살아가는 게 공기 중의 산소를 필요로 한다. 하지만 공기 중에는 질소가 가장 많고 산소는 21퍼센트밖에 되지 않는다. 도리어 땅에 산소가 가장 많다는 것이 신비롭지 않은가?

빙하기를 그린
풍속화의 대가

16세기 네덜란드 화가인 피터 브뤼겔은 농민들의 일상생활에 관심을 갖고 그와 관련한 많은 작품을 남겼다. 브뤼겔은 당시 플랑드르 화가 중 가장 유명한 인물 중 하나로 손꼽힌다. 플랑드르는 지금은 벨기에의 지명이지만 당시에는 프랑스 일부와 네덜란드, 벨기에를 포함하는 지역이었다. 플랑드르는 프랑스어이며, 영어로는 플랜더스라고 한다. 바로 만화 〈스머프〉와 동화 《플랜더스의 개》의 배경이 된 지방이다. 40대 이상의 사람들에게는 일본 애니메이션 〈플랜더스의 개A Dog of Flanders〉1975로 더 많이 기억될 수도 있다. 〈플랜더스의 개〉의 마지막 장면을 보고 정말 많은 사람들이 눈물을 쏟았다. 넬로와 파트라슈가 안트베르펜 대성당에서 쓸쓸히 힘든 삶을 마감하는 장면이다. 넬로는 화가의 꿈을 끝내 이루지 못하고 플랑드르의 가장 유명한 화가인 루벤스의 그림을 보며 생을 마감한다. 루벤스를 비롯해 얀 반 에이크나 렘브란트 등이 플랑드르 화가였다. 하지만 브뤼겔은 이런 쟁쟁한 대가들과 좀 다른 특색을 지니고 있다. 당시 화가들의 그림에서 흔히 볼 수 있던 신화나 종교적 소재보다는 민중들의 삶을 그대로 화폭에 담아냈다.

〈농부의 결혼식The Peasant Wedding〉1568을 보면 당시 가난한 농민들의 삶을 그대로 엿볼 수 있다. 농민들이 삶에서 가장 큰 잔치인 결혼식을 어떻게 준비했는지 잘 나타나 있다. 잔치 음식이라고 해 봐야 몇 가지 되지 않고, 심지어 음식을 나르는 쟁반이 없어서 문짝을 떼서 사용하기도 한다. 이러한 사실적이고 섬세한 묘사가 가능했던 것은 브뢰겔이 농민의 삶을 그대로 표현하기 위해 시골로 쫓아다니며 그들의 삶을 관찰했기 때문이다. 이렇게 농민들의 삶을 진솔하게 그림으로 남김으로써 그는 풍속화라는 새로운 영역을 개척할 수 있었다.

사실적인 화법을 지닌 브뢰겔의 그림들은 후배 화가에게도 많은 영향을 주었지만 과학적으로도 큰 가치가 있다. 사실적인 그의 그림은 사진처럼 당시의 환경을 기록하는 역할을 했다. 특히 계절을 소재로 한 연작은 미술사적인 가치와 함께 당시 기후를 엿볼 수 있다.

브뢰겔은 농민의 삶과 함께 삶의 배경이 되는 자연도 자세히 묘사했다. 한 순간밖에 묘사할 수 없는 그림의 특성상 화가들은 시간의 흐름을 나타내기 위해 연작같은 주제로 연결된 여러 개의 작품을 그렸다. 연작을 통해 시간의 흐름 즉 계절의 모습을 나타낼 수 있었다. 이 중에서도 브뢰겔의 작품이 주목을 받는 이유가 바로 그의 사실적인 화법 때문이다. 브뢰겔은 두 달씩 묶어서 여섯 장의 연작을 그렸던 것으로 추정되지만 현재 남아 있는 것은 다섯 장뿐이다. 브뢰겔의 계절 연작 중 가장 유명한 작품은 〈눈 속의 사냥꾼Hunters in the Snow〉1565이다. 세상이 온통 눈으로 뒤덮인 1월의 어느 날 사냥을 나갔던 사냥꾼들이 언덕 위에서 마을을 내려다보고 있다. 한편에서는 멧돼지를 통째로 굽고 있고, 마을의 연못은 꽁꽁 얼어 버려 아이들의 놀이터로 변해 버렸다. 이러한 모습에서 겨울철의 정겨움이 느껴지기도 하지만 조금만 더 자세히 보면 그 당시 겨울이 얼마나 매서웠는지 알 수 있다. 멧돼지를 굽고 있는 불을 보면 불이 똑바로 올라가지 않고 바람에 의해 비스듬하게 기울어진다. 또한 세상은 온통 눈으로 덮여 있어 나무

피터 브뢰겔, 〈눈 속의 사냥꾼Hunters in the Snow〉, 1565년, 빈 미술사박물관

는 앙상한 가지만 남았고, 사냥꾼의 발은 눈 속에 푹푹 빠진다. 사냥꾼의
개들은 말랐고, 사냥감도 부족한 것인지 여우 한 마리만 겨우 잡았을 뿐
이다. 이러한 모습에서 460여 년 전 겨울의 추위가 얼마나 혹독했는지 짐
작할 수 있다.

브뢰겔이 그림으로 표현한 이 시기는 역사적으로 소빙하기little ice age라
는 시기다. 소빙하기는 간빙기빙하기와 빙하기 사이의 시기 중에서도 평균기
온이 1~2도 낮은 시기를 말한다. 17세기는 간빙기 중에서도 유독 기온이
낮은 시기였다. 기온이 낮아 전 세계적으로 흉년이 이어져 굶어 죽는 사람
들이 크게 늘어났다. 또한 영양 상태가 부실해 전염병으로 사망하는 사람
도 많았다. 당시 유럽에는 흑사병페스트이 퍼져서 굶주림으로 면역력이 약
해진 수많은 사람의 목숨을 앗아갔다.

마지막 소빙하기 이후 지금은 기온이 높은 시기에 속한다. 하지만 역사적으로 보면 소빙하기는 주기적으로 찾아오는 것으로 추정되며, 그 시기가 곧 닥쳐올지도 모른다. 과거에 비해 과학기술이 발달해 식량 생산량이 크게 늘어나기는 했지만 여전히 굶어 죽는 사람들이 많은 상황이다. 이러한 때에 소빙하기가 다시 찾아온다면 헐벗고 굶주리는 많은 사람이 위기로 내몰릴 수 있다는 것을 염두에 둬야 한다.

참고 자료

도서

- 한국지구과학회 엮음, 《지구환경과학 1, 2》, 미래엔, 2000
- 최덕근 지음, 《지구의 이해》, 서울대학교출판부, 2003
- 브라이언 J. 스키너 외 지음, 박수인 외 옮김, 《생동하는 지구》, 시그마프레스, 1998
- 이음 편집부 지음, 《과학잡지 에피 7호》, 이음, 2019
- 전창림 지음, 《미술관에 간 화학자 1》, 어바웃어북, 2013
- 반기성 지음, 《전쟁과 기상 상, 하》, 명진출판사, 2001
- 에른스트 H. 곰브리치 지음, 백승길 외 옮김, 《서양미술사》, 예경, 1997
- 뉴턴코리아 편집부 엮음, 《날씨와 과학》, 아이뉴턴, 2013
- 임태훈 외 지음, 《중학교 과학 1》, 비상교육, 2013
- 이면우 외 지음, 《중학교 과학 3》, 천재교육, 2013
- 곽성일 외 지음, 《고등학교 물리 1》, 천재교육, 2013
- 강남화 외 지음, 《고등학교 물리 1》, 천재교육, 2018
- 곽성일 외 지음, 《고등학교 물리 1》, 천재교육, 2013
- 최원석 지음, 《지구를 깨우는 화산과 지진》, 아이앤북, 2014
- 최원석 지음, 《영화로 새로 쓴 지구과학 교과서》, 이치사이언스, 2010
- 최원석 지음, 《영화로 새로 쓴 물리 교과서》, 이치사이언스, 2008
- 모리스 크라프 지음, 《화산》, 시공사, 1995
- 앤드루 로빈슨 지음, 김지원 옮김, 《지진-두렵거나, 외면하거나》, 반니, 2015
- 제임스 해밀턴 지음, 김미선 옮김, 《화산-불의 신, 예술의 여신》, 반니, 2015
- 존 린치 지음, 김맹기 외 옮김, 《길들여지지 않는 날씨》, 한승, 2004
- 톰 개리슨 지음, 이상룡 옮김, 《해양의 이해》, 시그마프레스, 2006
- Andrew Fraknoi 외 지음, 윤홍식 옮김, 《우주로의 여행 1, 2》, 청범출판사, 1998
- 어네스트 지브로스키 지음, 이전희 옮김, 《잠 못 이루는 행성》, 들녘, 2002
- 사이먼 윈체스터 지음, 임재서 옮김, 《크라카토아》, 사이언스북스, 2005

웹사이트

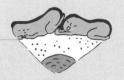

- 기상청 www.weather.go.kr
- 에어코리아 www.airkorea.or.kr
- 환경부 me.go.kr

교과 연계

중학교

과학 1

Ⅰ. 지권의 변화
- 1. 지구계와 지권의 층상 구조
- 2. 암석과 순환
- 3. 광물과 토양
- 4. 지권의 변화

Ⅴ. 물질의 상태 변화
- 1. 물질의 상태 변화
- 2. 상태 변화와 열에너지

과학 2

Ⅰ. 물질의 구성
- 1. 원소
- 2. 원자와 분자

Ⅲ. 태양계
- 1. 지구와 달의 크기
- 2. 지구의 운동
- 3. 달의 위상 변화와 일식, 월식
- 4. 태양계 행성과 태양의 특징

과학 3

Ⅲ. 태양계
- 1. 지구와 달의 모양과 크기
- 2. 지구와 달의 운동

Ⅶ. 외권과 우주 개발
- 1. 별의 성질

고등학교

찾아보기

보기만 해도 과학이네?

스마트폰으로 배우는 지구과학

초판 1쇄 2020년 4월 6일
초판 2쇄 2021년 12월 10일

지은이 최원석

펴낸이 김한청
기획편집 원경은 차언조 양희우 유자영 김병수
마케팅 최지애 현승원
디자인 이성아
일러스트 백두리
경영전략 최원준 설채린

펴낸곳 도서출판 다른
출판등록 2004년 9월 2일 제2013-000194호
주소 서울시 마포구 동교로27길 3-12 N빌딩 2층
전화 02-3143-6478 **팩스** 02-3143-6479 **이메일** khc15968@hanmail.net
블로그 blog.naver.com/darun_pub **페이스북** /darunpublishers

ISBN 979-11-5633-283-1 44400
ISBN 979-11-5633-230-5 (세트)